U0919871

FUNDAMENTAL: HOW QUANTUM AND PARTICLE PHYSICS EXPLAIN ABSOLUTELY EVERYTHING (EXCEPT GRAVITY)

量子和粒子物理学何以解释一切

[英] 蒂姆·詹姆斯（Tim James）著　　左安浦　译

浙江教育出版社·杭州

图书在版编目(CIP)数据

量子和粒子物理学何以解释一切 / (英) 蒂姆·詹姆斯(Tim James) 著 ; 左安浦译 . —杭州 : 浙江教育出版社 , 2021.5 (2022.10 重印)
ISBN 978-7-5722-1584-1

Ⅰ . ①量… Ⅱ . ①蒂… ②左… Ⅲ . ①物理学—普及读物 Ⅳ . ① O4-49

中国版本图书馆 CIP 数据核字 (2021) 第 055357 号

量子和粒子物理学何以解释一切

LIANGZI HE LIZI WULIXUE HEYI JIESHI YIQIE

[英] 蒂姆·詹姆斯(Tim James) 著　　左安浦　译

责任编辑：赵清刚
美术编辑：韩　波
责任校对：马立改
责任印务：时小娟
出　　版：浙江教育出版社
杭州市天目山路 40 号　电话：(0571) 85170300-80928
印　　刷：河北鹏润印刷有限公司
开　　本：787mm × 1092mm　1/32
成品尺寸：110mm × 184mm
印　　张：7.5
字　　数：130 千
版　　次：2021 年 5 月第 1 版
印　　次：2022 年 10 月第 3 次印刷
标准书号：ISBN 978-7-5722-1584-1
定　　价：48.00 元

如发现印装质量问题，影响阅读，请与本社市场营销部联系调换，电话：0571-88909719

献给

北门高中的学生

“无论科学家多么笃信，大自然总有办法让他大吃一惊。”

——艾萨克·阿西莫夫《复仇女神》

目 录

CONTENTS

引言　尽头

大自然简直疯了。当你深入到物理学的基本定律，一直到物理学的地下室后，你会发现自己身处一片疯狂混乱的领域，在这里，知识和幻想没有差别。

当然，这也不足为奇：这个世界连海星都可以存在，让你不得不怀疑它是否理智。但即使你已经准备好面对古怪的大自然，也没有办法面对量子力学。

这种疯狂始于 19 世纪末，当时所有人都在自鸣得意。我们已经绘制了星图，已经提取了 DNA，几乎就要分裂原子。我们的知识几乎已经完备，仿佛马上就可以见证人类成就的终章：科学本身到了尽头。

虽然还有几个棘手的科学谜团没有人能完全解决，但它们不过是挂在一旁的小玩意儿，就像壁毯上露出的线头。只有当我们猛拉线头的时候，编织了几个世纪的整幅图案才会被揭开。我们被带入了现实的新图景，一幅关于量子的现实图景。

诺贝尔奖得主理查德·费曼在量子力学系列讲座的开头曾这样说："我的物理系学生都不懂量子力学。我也不懂量子力学。没有人懂。"[1]费曼大概是史上最伟大的量子物理学家，他的这些话给我们泼了一盆冷水，毕竟，连费曼这样的天才都无法完全理解量子力学，我们这些普通人还有什么机会呢？

然而值得宽慰的是，费曼并不是说量子力学太复杂而无法理解，他说的是，量子力学太奇怪了。

假设有人让你画一个四边三角形，或者让你想一个小于10且大于10亿的数字——这些要求并不复杂，可是你很难遵从，因为它们太荒谬了。我们的量子力学之旅就是这样。

量子世界充满了四边三角形和反常的数字，平行宇宙和悖论潜伏在每一个角落，物体不受时间和空间的限制。

遗憾的是，我们的头脑生来就不会应对这类疯狂，我们掌握的语言也不够怪异，无法描述出大自然的真貌。所以，物理学家尼尔斯·玻尔说，谈到量子力学时，“只能用诗性的语言来表达”【2】。

许多人都犯了同一个错误，当他们发现一件事太令人困惑时，就断定是自己不够聪明，因此无法理解。不要担心。老实说，只要意识到量子力学古怪又让人忧心的特点，那你就与历史上最伟大的头脑旗鼓相当了。

第1章　容“光”焕发

光的历史

量子力学从尝试理解光开始，几千年来人们为此绞尽脑汁。大约公元前5世纪，希腊哲学家恩培多克勒率先建立了光的理论。

他相信人眼中有一块奇妙的火石，由脸部向外射出光芒，从而照亮我们想看到的任何物体。[1]这个想法颇有诗意，却也存在一个明显的漏洞：如果眼睛能发光，那么我们就应该能看见黑暗中的物体，因为眼睛本身就是火炬。

也正是恩培多克勒提出了四大元素物质（火、水、风、土），这一观点已经被我们抛弃；他还认为没有躯体的四肢在世界各处爬行，直到随机结合形成各种动物，试图以此来解释生物多样性。

事实上，恩培多克勒在科学史上的工作就是提出一些疯狂的想法，然后由其他人证明这是错的。尽管在光线这个例子中，人们花了大约1,300年才意识到这个错误。

直到阿拉伯学者海什木出现，人们才最终放弃了恩培多克勒的观点。海什木做了个实验，他解剖了一颗猪眼球，发现光线在眼腔内的反射与在暗室里是一样的，也就是说，光线来自周围的物体，而眼睛恰好阻挡了光线的路径。[2]

人类花了一千多年才确定眼睛没有发出奇妙的光线，这可能有些奇怪，但那是个不一样的时代，当时所有人都认为是人类赋予了物体存在的意义，因此人类看不见的东西不需要有外观。

幸运的是，海什木完成的实验超越了人类的自负心理，逐渐变得流行起来。人们认定，光来自物体本身，沿直线射进我们的眼睛——无论光是什么。接下来就到了文艺复兴时期。

可以说，勒内·笛卡尔是文艺复兴时期最有影响力的科学家、哲学家，他提出了关于光在物理学领域的另一个伟大想法。

笛卡尔注意到，点燃蜡烛时，房间的每一个角落同时被照亮，就像池塘中心的涟漪可以同时到达每一个边缘那样。他推断，光是一种类似的现象；我们周围各个方向都有一种看不见的物质，笛卡尔称之为“实空”，涟漪与波浪穿过“实空”就形成了光。[3]

唯一反对实空波理论的人是艾萨克·牛顿。牛顿的主要工作就是反对不如自己聪明的人（基本上是所有人）。

牛顿指出，如果光是通过某种介质的波，那它会在经过物体时弯曲，就像水波在绕过岩石时会弯曲一样。影子的边缘会因此变得模糊，但事实上影子的边界非常清晰，所以光是由粒子构成的想法更加合理。牛顿把这种粒子叫作“微粒”。[4]

光的微粒理论不可避免地超越了笛卡尔的实空波，这很大程度上是因为牛顿的名人身份，以及他凌驾于任何挑战他的人之上的缘故。

因此，如果牛顿听说一个叫托马斯·杨的人在他死后 70 年的时候做了个实验，并得出了相反的结论，他一定会大吃一惊。当然，这里指的是牛顿死后 70 年。托马斯·杨在那个实验之后很少再亲自做实验。

天才的涟漪先生

托马斯·杨有着 18 世纪最杰出的头脑。他破译了罗塞塔石碑，是第一个破译埃及象形文字的现代人，他可能因此而最为人熟知。托马斯·杨也最早注意到人眼中的色觉感受器，他写过几本医书，会 14 种语言，能演奏 12 种乐器，并发展了现代弹性理论。[5]

1803 年，托马斯·杨的“双缝实验”真正奠定了光波理论（非常刻意的双关[1]）。

我们先回想一下波浪穿过池塘的情景。想象一个有规律的脉冲波在平静的液体表面移动，穿过了一个有狭缝的屏障，波平稳地移动到狭缝的另一侧，然后轻微地呈扇形散开——这个过程我们称为“衍射”。

波之所以散开，是因为波边缘的能量消散在附近的水里。从上往下看，我们得到了与下图相似的图案，其中实线表示波峰，虚线表示波谷。

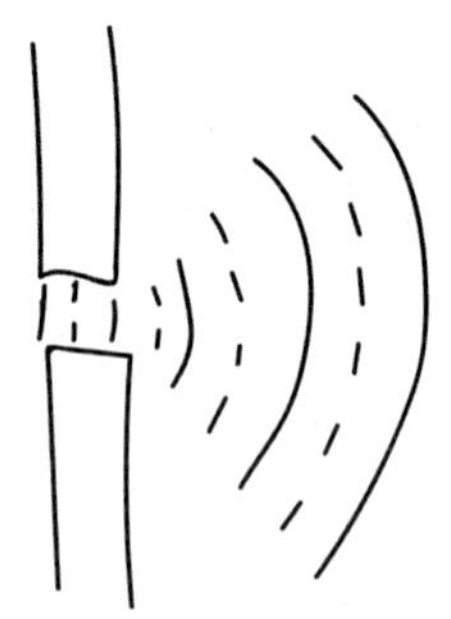

现在，我们试一下有两条狭缝的屏障。同样的事情还是会发生，但这一次我们看到两条波同时衍射，最终在某个点相互叠加或相互抵消。从上往下看是这样的：

[1] 原文是“wave for light theory”，既可以解释为“光波理论”，也可解释为“挥手告别光理论”。之所以说刻意，是因为“光波理论”的英文通常写作“wave theory of light”。——译注

在某些地方，你能看到波与波完美地叠加，一个波峰与另一个波峰相遇，在水面形成“大波峰”。在这些大波峰之间，有些地方的波是不同步的，波峰遇到了波谷，得到了不一样的效果。在这些地方，波相互抵消，水面几乎没有任何波动。

如果我们在池塘的边缘放一块屏幕，混合后的波会冲击它，大波峰和相互抵消的波会交替出现。从正面（而非从上往下）观察屏幕，波留下的图案是这样的：

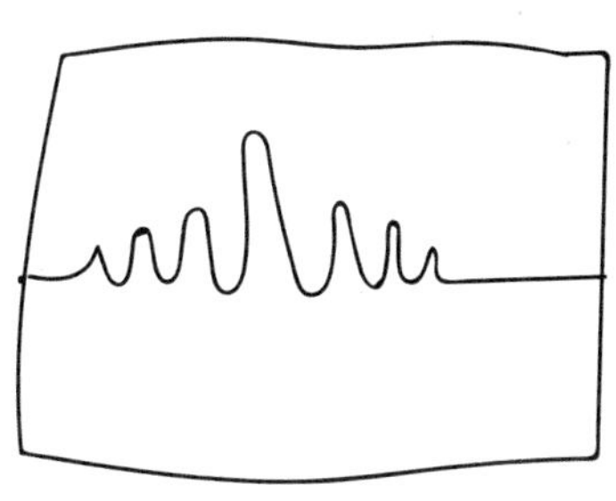

这里，我们看到的是双缝衍射后波的干涉效果，它形成了高强度与低强度交替的图案，这种现象我们称为波的“叠加”。

托马斯·杨重复了这种叠加图案，只不过他使用的是光束而不是水。点亮一根蜡烛，让烛光穿过墙上的双缝，托马斯·杨最终在探测屏上得到了明暗交替的斑马条纹，类似于水波混合留下的图案。

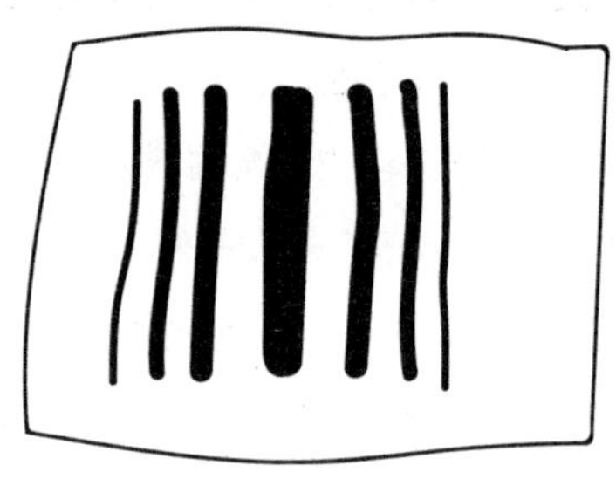

如果像牛顿坚称的那样光是由粒子构成的，那么当它从两个狭缝射入、击打在另一侧的墙壁上时，应该会形成一团“糨糊”。而我们实际得到的斑马条纹只能用一种方法解释：光是某种形式的波。

牛顿的反驳是影子具有清晰的边界，这仍然有一定的影响力，但此时他已经死了，一些人敢于质疑他的学说。如果你非常仔细地观察影子的边界，的确会看到模糊的边缘：只是它们太小了，很容易被忽略。粒子理论解释不了这一点，但绕过物体的波可以解释。

携带这些波的物质，起初笛卡尔称之为实空，后来它有了更奇特的名字——“以太”。光的本质终于确定了。

笛卡尔的思想无疑是超前的，但直到有了实验证明他的思想才被接受。这是个有力的暗示，让你不要把笛卡尔放在马前面。我差一点要为那个笑话感到抱歉。❶差一点。

世纪灾难

到 20 世纪初，再也没有人质疑光的构成了。托马斯·杨已经彻底解决了这个问题。然而，还有一些事情被忽略了，最值得注意的是光与热物体相互作用时发生了什么。要理解其中的奥秘，我们就不

---

❶ 英语中有句谚语：“don't put the cart before the horse”，意思是“不要把马车放在马前面”，即不要本末倒置。这里用“Descartes”（笛卡尔）代替了“the cart”。这里的“笑话”是指英语中一个关于马的笑话。一匹马走进酒吧，酒保问：“你是酒鬼吗？”马回答：“我想我不是（I don't think I am）。”然后“砰”的一声马消失了。这里暗讽笛卡尔的名言“我思，故我在（I think, therefore, I am）”。要解释这个笑话的笑点，就必须把笛卡尔放在马前面（put Descartes before the horse）。——译注

得不谈到软管。

想象一根软管，它的喷嘴连接在一个盒子的底部，当软管接通水的时候，盒子就会逐渐充满水。现在，假设我们在盖子上戳三个孔：一个小孔、一个中孔、一个大孔。同样，我们接通水，水还是会充满盒子，然后从顶部的孔里流出。很明显，最大的孔水流最多，而最小的孔只有很细的水流。这个装置没什么意义，只不过操作起来很简单。我们从盒子底部泵水，水从顶部的孔里流出。

物体变热时为什么会发光？上述实验是个很好的类比。物体变热时会吸收热能，吸满热能后，热能就以光的形式释放出来。

在这个类比中，软管中的水代表施加在物体上的热，而孔代表发射出来的不同类型的光：小孔代表红外线（能量太低，所以看不见），中孔代表可见光（从红色到紫色），大孔代表紫外线（能量太高，所以看不见）。

深色物体在这种热光转换中效率最高，因为它们吸收所有的热量。用物理学术语表示，理论上完美的吸热体被称为“黑体”（尽管它并不是字面上的黑色物体）。

整个过程可以用简单的瑞利－金斯定律来恰当

地描述，这是个很好的近似解，尤其是在低温到中温范围。但当物体被加热到高温时，就会出现一些非常奇怪的事情。

从逻辑上讲，热物体发出的大部分光应该是紫外线，因为紫外线是能量最高的光（相当于盖子上最大的孔）。但实际上，物体发出的几乎所有光都是中等波长的。

热物体发出的光有一点点红外线和一点点紫外线，大部分是黄光或橙光，这可解释不通。就好比盒子里充满水，然后水几乎全从中孔喷出来，而不是从大孔喷出来。

事实上，相较于我们的三孔类比，真实情况甚至更令人困惑，因为真实的光并非只有三种类型，而是可以有它喜欢的任何能量。更准确的画面可能是这样的：想象一下，沿着盒子顶部切割出一条狭缝，却发现水只从狭缝中部涌出，而没有从边缘渗出。

物理学家保罗·埃伦费斯特把这个难题称为“紫外线的灾难”[6]，它后来成为物理学书籍中臭名昭著的“紫外灾难”。

此时我们面对的是理论和实验的不匹配，在科学中，我们必须改变理论。你无法决定一个实验应该产生什么结果，所以如果某种理论无法预测你实际得到的数据，那你就需要与这一理论一拍两散。

紫外灾难之所以发生，显然是因为我们对光能的运行机制有一些错误的认识。没有人会想到，稍微整理下思绪，我们就会走上量子革命的道路。尽管想出答案的那个人并没有尝试如此激进的事情，因为他只是想要一个廉价的灯泡。

直到普朗克出现

马克斯·普朗克是家里六个孩子中最小的一个。1875 年他高中毕业，比他的同学早一年。普朗克申请去慕尼黑大学学习物理，但审核他申请的菲利普·冯·约利教授试图劝阻他，因为他认为物理学几乎已经走到尽头了，这会浪费普朗克的才智。[7]

约利教授很郑重地劝阻，但普朗克没有退缩，坚持自己想要学习的课程。他不在乎能否发现新大陆，因为他不关心遗留问题，他只想知道世界是怎样运转的，而且决不罢休。普朗克没有屈服。

约利教授对普朗克的固执态度印象深刻，最终决定接受他。很快，普朗克就成为欧洲物理学界最受尊敬的人物之一。据说，普朗克的讲座非常受欢迎，听他演讲的人摩肩接踵；有报道说，有的听众因为太热而晕倒，其他人却无动于衷，就为了听普朗克把话说完。

普朗克名声大噪，引起了德国标准局的注意，该局正在致力解决德国的电力路灯问题，问他是否愿意协助。电力在其他国家已经很流行了，但价格昂贵，德国想要找出最高效的方法。普朗克欣然接受了邀请，着手分析热灯泡的热与光之间的关系。[8]

这种灯泡的灯丝实际上是一个“黑体”，随着内部温度升高，表面吸收了所有能量，并以光的形式重新激发出来，大部分是可见光。然而，当灯丝继续变热时，它并没有产生瑞利－金斯定律所预测的那种光，所以普朗克决定创造一种新定律，在这个定律中，他把光能想象成一种气体。

假设气体中有一群随机飞行的粒子，当它们碰撞时，粒子的温度被重新分配，很有可能一些粒子能量较低，另一些粒子能量较高，但大多数粒子的能量集中在一个平均值——这就是我们所说的“温度”。

普朗克意识到，这种能量分布与他在灯泡实验中看到的情形相符。当我们加热一个物体时，它激发出的光集中在一个能量中值，而少量光束出现高能量和低能量。因此，普朗克提出，光束配分能量的方式，与气体粒子配分热量的方式相同。

唯一的问题是，气体热现象能够发生，是因为气体能被拆分成粒子。如果普朗克的想法可行，那么光也必须由粒子构成。

他把这些微小的光粒子称为“量子”（quanta），源自拉丁文中的“*quantitas*”，意思是“数量”（quantity）。普朗克不动声色地继续工作着。

需要明确的是，普朗克并没有真的宣称光由粒子构成——那太荒谬了。他只是在玩一个幼稚的数学游戏，主要是出于绝望，好让自己的结果变得更合理。由于托马斯·杨的实验，大家都知道光是一种通过以太的波，而且我们早就抛弃了牛顿的微粒学说。

在普朗克看来，光量子是一个不成熟的答案，不值得认真对待，所以很自然，当他收到一份证明光量子真实存在的研究论文时，他惊呆了，呆若木鸡。

第 2 章　星星点点

神秘博士

1905 年，普朗克差不多已经忘了他的光粒子理论，他此时是世界最负盛名的物理学杂志之一——《物理学年鉴》的高级编辑。这意味着普朗克会收到许多来自江湖骗子的建议，其中大多数都被他丢弃了。

那年三月，普朗克收到了一篇论文，声称光的确是由粒子构成的——这并不只是为了让数字合理而随意捏造的理论。乍一看，这又是一个疯狂的想法。这篇论文来自瑞士一位不知名的 26 岁业余物理学家，他拥有高中教师资质，仅此而已。然而，论文中的物理学知识无懈可击，还解决了多年来一直困扰人们的另一难题。

起初普朗克不敢相信，他甚至派助手到瑞士去核实，看这位“阿尔伯特·爱因斯坦”究竟是否真的存在，还是什么人为了不被嘲笑而起的化名。[1]当普朗克发现确有爱因斯坦其人时（尽管爱因斯坦没有多少经验——甚至当时连博士学位都没有），他还是立即发表了这篇论文。他那荒谬的光量子理论也许根本就不那么荒谬。

爱因斯坦的论文探讨了所谓的“光电效应”。简单地说，当光照射在一片洁净的金属上时，金属原子外层的电子就会飞离金属表面。

这是因为电子能吸收光，如果入射光的能量足够大，电子就能吸收光并被剥离。这本身不足为奇，但令人惊异的是，并不是每种颜色的光都能引发光电效应。

每一种金属都是独特的，但一般来说，红光、橙光和黄光对金属表面不起作用，而绿光、蓝光和紫光会导致电子发射。绿光、蓝光和紫光的能量高于红光、橙光和黄光，因此这是合理的；但奇怪的是，即使增加红光的亮度（直到它相当于蓝光），光电效应也不会发生。

量子能量的单位是电子伏（简称 eV）。一束 10eV 的红光与一束 10eV 的蓝光包含的能量相同。为什么能量相同的红光和蓝光不会产生相同的效应？10eV 的红光与 10eV 的蓝光不一样吗？爱因斯坦表示，如果认真看待普朗克的量子论会发现，它们就不一样，10 并不总等于 10。

一个苹果在手，相当于两个诺贝尔奖

想象有人伸出手臂，手里抓着一个苹果，而你用水枪对着他的手喷水（别问我为什么要这样做，物理类推法就是这样的），在水流强大到一定程度之后，苹果就会从手中脱离。这时，水的能量克服了手的抓力，苹果飞到了空中。

同样，电子与其原子的结合包含一定能量，当我们增加入射光的亮度，最终应该能使电子脱离——无论我们用什么颜色的光。可是，在实验室里我们没有得到这样的结果，所以我们需要再次把理论揉碎，尝试一些新的东西。

假设我们用一束红光，按照普朗克的建议把它切成小块，每一块都包含一定的能量。当然，一束蓝光也可以被切成同样数量的小块，但每一块包含的能量更大。

不要把光能想象成平滑的水柱，而要把它当成粒子。红光的光量子类似于乒乓球。你向那个人的手发射再多的乒乓球，苹果也不会掉落。你甚至可以把整桶乒乓球泼向那个人，但由于苹果与乒乓球之间的每一次相互作用都是无足轻重的，所以无论有多少乒乓球，都不会让苹果产生一丁点位移。

相比之下，蓝光的光量子更像是一枚炮弹。假设你向握着苹果的人发射一枚蓝光粒子，那么苹果和手都不保了。请仔细挑选志愿者。

100颗乒乓球的总能量可能相当于一枚炮弹，但炮弹的威力更大。因此，一束光如果分裂成粒子，它的总能量就无关紧要，唯一重要的是颜色。这就是我们观察到的。

在爱因斯坦看来，普朗克的光量子理论具有真正的物理学意义。这不仅仅是我们接近答案的一种方式，它可能就是答案本身。光终究是由粒子构成的。在爱因斯坦的证明发表之后不久，化学家吉尔伯特·路易斯认为这些粒子应该有个比“光量子”更好记的名字，并开始使用“光子”（希腊语中的“光”），且这个词沿用至今。[2]

因为推动了光物理学的新进展，普朗克和爱因斯坦分别于1918年和1921年获得了诺贝尔奖。遗憾的是，吉尔伯特·路易斯并没有获得诺贝尔奖，但他有一副令人敬畏的小胡子，而且被认为是“jiffy（瞬间）”一词的发明者，所以在某种程度上，每个人都是赢家。

嗯……爱因斯坦？我们有个问题

爱因斯坦证明了光是由粒子构成的，这不仅支持了普朗克的量子理论，也公然挑战了托马斯·杨的光波理论。

一方面，光电效应和紫外灾难只有一种解释：光由粒子构成；另一方面，双缝实验表明，光是通过某种背景介质的波。

当两种假设发生冲突时，科学家只好通过实验解决分歧。可是如果实验本身也有分歧，那么以牛顿的苹果的幽灵之名，我们该怎么办？这在科学中是史无前例的，我们必须努力找出一个漏洞。

也许我们可以用光子来解释双缝实验的结果。我们的光源会像机关枪一样喷射出光子，它们会在空气中相互碰撞形成斑马条纹吗？

验证这一点的最好方法，是让光子在飞过双缝时不可能相互作用。我们不要一次性把光子都射出去，而应该试着一个接一个地发射，相当于用狙击步枪取代机关枪。

多年以来这个实验有很多版本，其中最好、最简易的是1994年外村彰在日立制作所工作时做的那个。[3]这家制造油箱、冰箱和按摩棒的公司，声称进行了有史以来最精确的双缝实验。

外村彰的设计细节与托马斯·杨的有很大不同，但它们都实现了相同的目的，所以为了简便，我会使用相同的术语，尽管它比我将要表述的复杂得多。

在实验中，外村彰的光束发射器朝着双缝发射光子，光可以由高亮度调节至低亮度。双缝的另一侧放置一块探测屏，该探测屏的制成材料在受到撞击时就会发光，因此粒子到达的每一个地方都会形成光点。

与托马斯·杨的原版一样，当一束完整的光射向双缝时，外村彰得到了预期中的斑马条纹，可是当他把强度降低到每次一个光子时，他得到了一些非常奇怪的东西。

最开始的几分钟很无聊。射向双缝的每一个光子随机地打在探测屏上。但随着他继续观察，光点的图案逐渐累加，形成这样的带状物……眼熟吗？

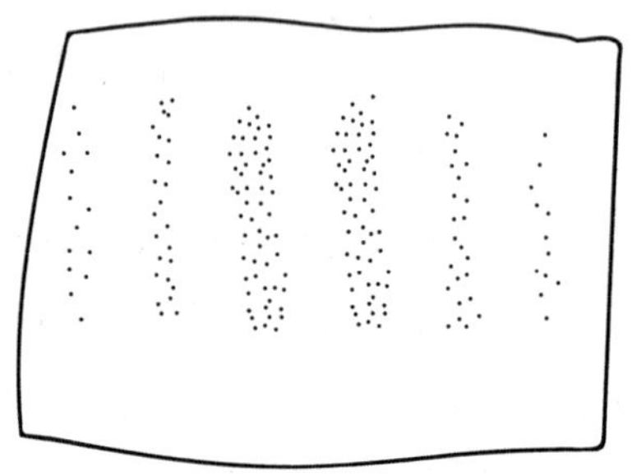

这完全说不通，因为每个粒子都是单独发射的。斑马条纹的形成需要分别通过两条狭缝的两个光子

相互混合。如果每个光子都是单独发射的，那么它与谁混合呢？在没有任何东西与光子发生干涉的情况下，它们是如何产生干涉条纹的呢？难道是光子以某种方式同时通过了两条狭缝？

量子长裤

我记得有一次我从洗衣店里取出一条长裤。我很困惑，因为我正穿着这条长裤。我茫然地站了几秒钟，确信自己是这条量子长裤的主人，而它正处于不同位置的长裤叠加态。

然后有人告诉我，我有两条一模一样的长裤，只是以前我没有留意。我之前的那种辩解是在考虑量子力学。在量子力学中，你永远不会做出简单的解释，简单的解释永远行不通。

发射器中激发的光可以像粒子一样运动，但双缝实验表明，它在穿过狭缝时可以像波一样运动。

在艾萨克·牛顿的“经典物理”中，一切都是合理的，粒子与波截然不同。量子论模糊了这个边界。

原因很复杂

爱因斯坦在瑞典领取诺贝尔奖的时候，年轻的丹麦物理学家兼足球爱好者[4]尼尔斯·玻尔正在把量子论应用到整个原子上。

原子由几种粒子构成，包括聚集在原子核中心的质子，以及在原子核外、像蜜蜂绕着蜂巢一样嗡嗡飞行的电子。（原子核里也有中子，但当时尚未被发现。）

众所周知，发光原子发出的光，其值是该原子所特有的。例如，热铁发出的光与热镍发出的光频率不同，相反，当光照射在原子表面时，它们吸收不同颜色的光。以前这很难解释，因为人们认为光是一种平滑的波状物质。可是，一旦我们知道光有时由特定能量的粒子构成，就有可能解释它与物质的相互作用。光子能有特定的值，所以电子能也有特定的值。

在玻尔的量子论中，电子并不是围绕着原子核快速地随机移动的。相反，它们穿越无形的球面，且这些球面间隔的距离是特定的。玻尔把这些球面称为“电子壳层”，但很明显他应该称之为“玻尔比特”[1]。

玻尔设想的原子是一个三维的太阳系，这是人们至今还在绘制的原子图像。然而，电子和行星的区别在于，行星能够以它喜欢的任意距离绕太阳运

[1] 原文是“Bohrbits”，Bohr 是玻尔的名字，bit 是比特——二进制的单位，也可以理解成一个个点，本章标题“星星点点”的原文就是“Bits and Pieces”。这里有一点调侃的意思。——译注

行。引力在空间的每一点都起作用，并随着距离的增大而平稳地减小。所以只要以正确的速度避免被吸过去，行星就能够在任意轨道上运行。

但电子壳层不同。电子不能吸收任意的能量，因为能量被分割成特定的值（我们说电子壳层是量子化的）。

低能量的电子固定在靠近原子核的壳层上，但如果它吸收一个光子，就会获得推力，从而绕着更远的壳层轨道运行。假设壳层之间的距离是固定的，只允许一定能量的跃迁，那么就只有特定的光束能与特定的原子相互作用。

假设两个壳层之间的距离是 20eV。如果电子吸收一个 20eV 的光子，它就能完美地跃迁，但如果我们向原子发射 19eV 的光子，就什么也不会发生。原子中不允许发生 19eV 的跃迁，因此光子会继续穿过，就好像原子不在那里一样。

这意味着两个壳层之间的电子不存在中间能量值。因此，当电子吸收一个光子并跃迁到更高的壳层时，它不会通过中间的“真空地带”。它显然是瞬间从内壳层跳到外壳层的，这就是所谓的“量子跃迁”。我并不是说电子在壳层之间瞬间移动……但看起来就是这样。

量子跃迁是指电子从一个壳层消失，出现在下一个壳层，并在这个过程中吸收一个光子（如果获得能量）或释放一个光子（如果失去能量）。具有讽刺意味的是，“量子跃迁”一词在日常生活中往往意味着巨大的变化，但它实际上指的是可能发生的最小改变。

玻尔不确定为什么电子在特定的能量轨道上运行，而且还产生量子跃迁。但这解释了他想要的东西，所以他把一堆想法混杂在一起，决定不要想太多。

从本质上讲，玻尔利用现有的物理概念做了一幅拼贴画，就像一个孩子从父母的日用织品柜偷布料，然后把它们粘在一起，形成了真实但丑陋的画面。而且，由于没有人能做得更好，所以所有人都接受了，并把它贴在自己的冰箱上。

玻尔这样回答

无论如何，量子跃迁的确解释了一些非常重要的事情。质子对其电子有吸引力，在我们前面看到的光电效应中，电子必须克服这种吸引力。我们把粒子的这种相互吸引的属性称为“电荷”，它有两种不同的形式，分别是正电荷（质子）和负电荷（电子）。带相同电荷的粒子相互排斥，就像磁铁的同名磁极一样；而带相反电荷的粒子相互吸引。

从本杰明·富兰克林和他的风筝－雷电实验开始，人们就知道了电荷（顺便说一句，这是个真实的实验，而不是什么都市传说）。[5] 电荷究竟是什么，现在这个问题变得很复杂（我们将在第 12 章弄清楚）。但无论你知不知道是什么导致了电荷的复杂性，它都提出了一个很好的问题：如果电子携带的电荷与质子的相反并且吸引质子，那么为什么电子不会螺旋式地飞向原子核使原子萎缩？为什么原子不会灭亡？

玻尔的回答是，那将违背能量量子化的原理。靠近原子核的、最低壳层的电子，处于能量阶梯的最底层，它吸收任何能量值都不可能向内偏移。

一旦电子处于最低壳层，失去能量的唯一方法就是彻底摆脱能量阶梯，简单地说就是湮灭。电子可能拼命地想要往原子核移动，但能量量子化的原理比电荷吸引法则更深层、更本质。

电子之王

量子论刚开始在欧洲萌芽的那段时间，粒子物理领域无可争议的领袖是英国物理学家 J. J. 汤姆孙——

他不仅指出电子带负电荷，还最早发现了电子。

今天，汤姆孙的骨灰被埋在艾萨克·牛顿旁边。在剑桥大学，物理系位于 J. J. 汤姆孙大道。哦，他还被授以爵位。他也获得了诺贝尔奖。他的六个学生也是如此。

但，是他发明了量子长裤吗？

发现电子及其性质是汤姆孙的至高荣耀。他利用电弧的偏转证明了电子的存在，并测量了电弧的重量。因为电有质量，所以它一定是由同样具有质量的粒子构成的。

汤姆孙于 1897 年 4 月 30 日宣布这一发现。几个人在讲座结束后跑来祝贺他成功愚弄了世人。[6]不可能有比原子更小的东西，对吧？

但毫无疑问，电子是真实存在的。最小的原子是氢原子，而电子的质量只比氢原子的两千分之一大点儿，但它仍然是真实的。汤姆孙最开始想要将其命名为“微粒”来纪念牛顿，而美国物理学家卡尔·安德森则想要称之为“负电子”[7]（我们都认为这是能想到的最好的名字），但“电子”这个名称取而代之。

汤姆孙有许多著名的学生，包括发现了原子核的欧内斯特·卢瑟福，以及指出电子必须在壳层轨道中绕原子核运行的尼尔斯·玻尔。

然而，在汤姆孙的学生里，有一个人的发现最具革命性：电子并非总是粒子，它们有时像光子一样具有波动性。J. J. 汤姆孙的儿子乔治·汤姆孙发现了这一点。

光有时是粒子，有时是波，这一点令乔治很感兴趣，所以他决定看看电子是否具有同样的性质。

如果电子具有波动性，那它显然是很小的波，因此长期以来没有被探测到。为了在双缝实验中使电子衍射，乔治·汤姆孙需要一组很小的双缝（更小的波需要更小的间隔），这不是一件容易的事情。

为了解决这个问题，他找到了一些赛璐珞胶片，就像电影摄像机里使用的那种。之所以选择这种材质，是因为其中的原子按一定的间隔排列，就像原子尺度上的双缝，然后乔治发射了一束穿过它的电子。

果然，在双缝的另一侧，电子束分裂成斑马条纹，意味着电子必须像波一样相互干涉。（特别注意：实际上，在之前外村彰的实验中，他使用的粒子就是电子。但我觉得如果我在那时宣布电子是波，会引起大众的恐慌、骚乱和我们所知文明的终结，所以我撒谎了。）

人们都知道电子是一种粒子，原来它也可以像光波一样叠加和衍射。乔治因此获得了诺贝尔奖。

1908 年，J. J. 汤姆孙因为证明电子是粒子而获得诺贝尔奖；1937 年，他的儿子又因为证明电子不是粒子而获得诺贝尔奖。这真是太有趣了。我喜欢想象汤姆孙家的圣诞晚餐有多么尴尬：J. J. 汤姆孙和乔治·汤姆孙面对面坐着，两个人都面带愁容，他们戴着五颜六色的纸帽子，漫不经心地擦拭着自己的奖牌，汤姆孙夫人则局促不安地坐在他们中间。“亲爱的，你们谁想吃梅子布丁[1]吗？”

---

[1] J. J. 汤姆孙曾经提出一种原子模型，他认为在原子中，电子悬浮于均匀分布的带正电物质里，就像梅子散布在布丁里一样，因此也叫“梅子布丁模型”。这一模型后来被欧内斯特·卢瑟福推翻。——译注

第 3 章　贵族、炸弹和花粉

二象性公爵

许多年前，青春懵懂的我去一所大学参加面试，坐在我面前的是四位杰出的科学家，他们问我对量子论了解多少。我当时太蠢了，在申请书里提到了量子论，所以他们想考考我，让我跌落一两个能量壳层。

我滔滔不绝地讲了一大堆关于波和粒子的事实，试图让他们觉得我非常了解，直到有个人举手示意，让我别说无意义的话，并且非常温和地问我："那么，电子究竟是粒子还是波？"然后她坐回去，看着我不知所措的样子。我一点也不为那次经历感到痛苦，因为平心而论，她问的是一个无解的问题。

电子和光子有不同的行为方式，这个谜团被称为"波粒二象性"——这个术语的创造者是法国贵族、第七代布罗意公爵路易·皮埃尔·雷蒙（简称路易·德布罗意）。第一次世界大战期间，德布罗意在军队中服役，之后他坚持接受历史学和物理学的教育，他认为这对理解人类的过去和未来至关重要。

德布罗意 20 岁的时候，量子论已经成为科学界的一件大事，所以他决定写一篇关于这个核心谜题的论文。有没有可能宇宙中的事物既不是粒子也不是波，只有当我们做实验的时候它们才呈现出相应的形式？电子和光子是否以某种方式在两种状态之间来回跳跃？我们这些脑袋是否能在量子层面上理解大自然究竟在做什么？

谈到波的时候，我们可以根据它的频率（每秒钟波撞击的次数）和波长（相邻波峰之间的距离）计算它的能量。

由于我们也可以根据运动粒子的质量和速度计算它的能量，德布罗意提出了一个问题：为什么不能让这两个能量相等？如果知道某种物质的粒子属性，我们就能计算出它的能量，然后换一种思路把它想象成波，波的能量就等于我们刚刚计算的能量。能量是波物理学和粒子物理学之间的“翻译者”。

起初，这一建议遭到了质疑。难道我们真的要说每个粒子都有波长，每个波都有质量吗？对德布罗意而言幸运的是，爱因斯坦非常喜欢他的想法，并开始在演讲中表示支持（这总不会有什么坏处）。

根据德布罗意的方法，你可以取任意一个你喜欢的粒子，然后计算它的“粒子波长”。只要计算出粒子波长，你就可以搭建大小合适的双缝，并向它发射粒子，从而在另一侧得到干涉条纹。虽然我们无法想象一个物体同时是粒子和波，但我们的确可以计算并得出可靠的数据。

而且，这也是可行的。1944 年，欧内斯特·沃兰利用德布罗意的理论，在食盐晶体中衍射出比电子重数千倍的中子。[1]也可以用同样的方法将质子衍射出，尽管令人惊讶的是还没有人做过这个实验，至少没有相关的记录。但事后来看，我可能不该在那封大学申请书中声称我做了这个实验。

有点极端

质子、中子和电子都像波一样运动，这一点既深刻又古怪。世界上每一个物体都是由这些粒子构成的，我们把包括自己身体在内的万物都视为粒子，所以我们也都是波。你的身体有波长，如果以某种方式把你射向合适大小的双缝，那么你也会发生衍射。

如果你感到好奇，我们可以这样说：把一个普通人以每秒 30 米的速度从大炮中射出，他的德布罗意波长约为 0.0000000000000000000000000003 米。如果我们能找到方法，让人体中的所有原子都排列成一条直线，并且有合适大小的双缝，衍射就能真正发生。我估计在早期实验中，你会用炮弹炸掉志愿者的手。

目前，桑德拉·艾宾伯格保持了最大衍射物的世界纪录，她在2013年成功地用一整个$C_{284}H_{190}F_{320}S_{12}N_4$分子进行了波干涉。810个原子同时穿过双缝，在双缝的另一侧与自己叠加。[2]这还远远比不上完整的人体，但我们必须从某个地方开始。

海森堡登场

在布莱恩·科兰斯顿扮演的新墨西哥州从事违法活动的化学老师出现之前❶，沃纳·海森堡是世界上最优秀的数学家之一。不同于关注实验结果的普朗克、爱因斯坦和德布罗意，海森堡更喜欢研究已完善的理论，并喜欢看到理论扭曲崩溃，而不担心这对实验人员意味着什么。

众所周知，海森堡对现实世界的物理学一无所知，在他的博士生涯中，有人问他简单电池的工作原理，他答不上来[3]（这让我感到安慰，因为很明显，海森堡也遭遇了令人难堪的面试官）。

尽管对实际问题一无所知，海森堡的数学才华

❶ 布莱恩·科兰斯顿（Bryan Cranston）是美国演员，在电视剧《绝命毒师》中扮演高中化学老师沃尔特·怀特，他利用自己的化学知识制造冰毒，并化名为“海森堡”。——译注

是无与伦比的。1920年，他受聘为阿诺尔德·索末菲工作。索末菲是帮助玻尔设计原子理论的物理学家之一。

索末菲交给海森堡一个涉及光本身如何分裂的数学难题。海森堡不到两周就解决了，但他的方案太复杂，索末菲没有接受。索末菲认为他不可能这么快就找到答案，直到几个月后，更著名的物理学家阿尔弗雷德·朗德发表了完全相同的观点，进而赢得了荣誉。[4]

那次经历之后不久，海森堡转到丹麦哥本哈根研究所与尼尔斯·玻尔共事，这里很快成为世界量子研究的堡垒。也许他为索末菲无法接受自己的天才而感到失望，也许他希望为一位诺贝尔奖得主工作［索末菲被提名了84次（诺贝尔奖），但从未获奖］。不管怎样，海森堡从头开始，成为玻尔最顶尖的学生和最亲密的朋友之一。

那是海森堡的黄金时代，他发现自己身处欧洲最聪慧的头脑之间，这些人创造了当今量子力学仍在使用的方法和公式。海森堡与玻尔一起去山里远足，也会把其他醒着的时间都用于讨论粒子的奇特行为。那段时间海森堡赢得了真正的尊重，也收获了真正的快乐。

悲哀的是，海森堡的后半生太有争议。当纳粹主义席卷欧洲的时候，许多科学家为了避祸而远遁美国。海森堡却留下来了，纳粹招募他帮忙制造原子弹。

根据一些历史学家的说法，海森堡试图从内部破坏纳粹的阴谋，因为在战后的采访中，他准确地描述了如何制造一枚原子弹，尽管他的计划从未成功实施。也许他搞清楚了一切，但他闭口不言，就是为了遏制纳粹的势力。[5]

然而，在2002年，人们发现了海森堡与玻尔之间的一些通信，这些信件使真相更加扑朔迷离。似乎海森堡很享受研制原子弹的过程，他之所以失败，是因为缺少优秀的工作团队（优秀的科学家都在美国），而他自己根本不会做实验。[6]很可能，所有设备都是由电池操作的。

没有人确切地知道那段时间海森堡的道德立场是什么。当时他确实因为宣扬犹太人物理学家爱因斯坦的成果而惹上麻烦，是在母亲的帮助下才摆脱了困境。海森堡夫人与希姆莱夫人是好朋友，后者是党卫队首领海因里希·希姆莱的母亲。当海森堡惹上麻烦时，海森堡夫人打电话给她的朋友，直截了当地说："让你儿子别招惹我儿子！"[7]

说起海森堡的政治观点，我怀疑他只是没有认真思考自己行为的道德含义，只是想解决人们给他的物理问题。

回想起来，很难判断他是好人还是坏人，因为我们没有太多的资料，而且我们也不要忘了，盟军也不完全是由圣徒组成的。罗伯特·奥本海默是海森堡在美国的对手，他曾试图用涂抹有毒化学物质的苹果（真是童话风格）毒害他的博士导师——我们可以称之为谋杀未遂。[8]

如果不考虑后半生的政治色彩，海森堡对量子论的贡献是无价的。

排除一切干扰

有一年夏天，海森堡患上了严重的花粉热，决定去黑尔戈兰岛度假，那里没有产花粉的植物。在那个短假里，海森堡偶然想出了一种新方法，可以解决量子论的数学问题，其中包括他最知名的理论“海森堡不确定性原理”。[9]

粒子有一些明确定义的、我们可以测量的性质，比如位置、速度、质量，等等。如果我们知道初始状态下粒子的所有信息，那么理论上我们就可以预测它在下一刻的所有信息，以及下下一刻和下下下一刻的所有信息。

这种决定论哲学起源于牛顿，它也是使物理学变得如此重要的原因。古代的神秘主义者宣称，献祭处女和饮鸽子血可以预测未来，而牛顿指出，用几个方程就可以百分之百地做到这一点。

但德布罗意和他的同事发现，粒子也具有波动性。在牛顿物理学中，“粒子的位置”和“粒子的速度”是两个独立的问题。但根据定义，波是不断运动的，且位置分布在一个区域内，因此，速度和位置这样的概念不再彼此独立。

对于波而言，如果你知道了一些关于位置的信息，那你也就知道了一些关于速度的信息，反之亦然——这两个性质是相互联系的。海森堡把类似的想法应用到粒子上。不能把粒子的运动和位置视为相互独立的，因为粒子只有部分是粒子。

如果我们有个粒子，并且还未对它进行测量，那么我们可以用这样的图表示它可能的动量和位置：

我们所知道的是，粒子的物理特性将会落在曲线内的某处。通常，在经典物理学中，我们测量一个粒子，就是把这个区域压缩成网格中的某一点，这个点会准确地描述两个值，告诉我们粒子的位置和动量。

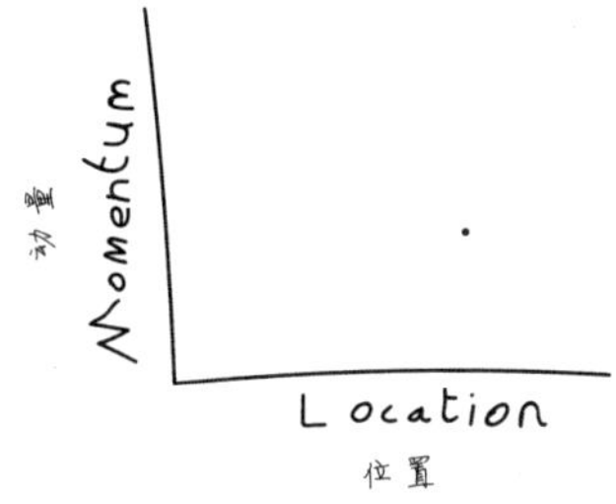

在上面这个图中，我们沿着横轴读，找到粒子的位置，然后沿着纵轴读，找到粒子的动量。很简单。

但海森堡知道，波是不同的。当你试图准确描述波的时候，会得到这样一个尖峰：

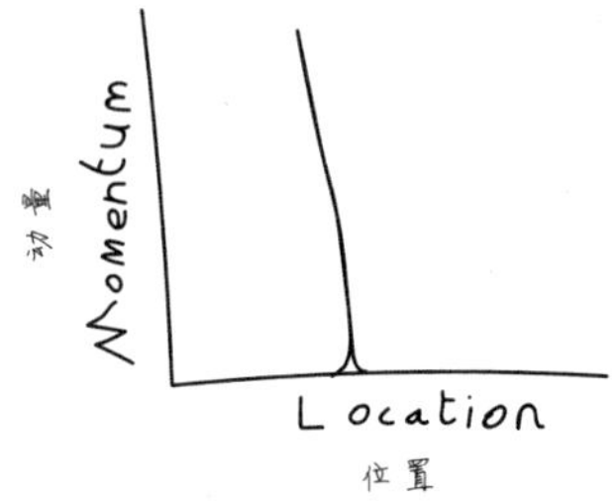

我们知道了粒子的确切位置，是因为我们把它的位置固定到横轴的一个值上，但如果纵向读图，

我们会发现同时出现了各种各样的动量值。波的位置和动量并不像经典力学那样泾渭分明，如果你知道了粒子的位置，就不可能准确知道粒子的动量。

或者我们想象沿另一个方向挤压。我们准确地测量了粒子的动量，结果却发现粒子同时存在于许多地方：

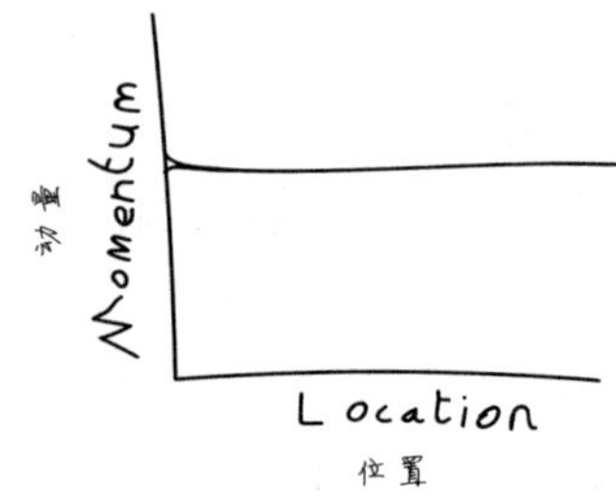

在量子论中，动量和位置是相互联系的，所以我们可以知道粒子在哪里或者粒子的动量是多少，但永远不可能同时知道。

我们确定吗

这是最早的“不确定性关系”，也是最常被引用的一个：你永远不能同时知道粒子的位置和动量，如果你知道其中一个，就遮蔽了另一个。随着量子论的发展，我们发现了其他一些相互关联的性质（我们将在以后讨论），但海森堡的原始理论仍然动摇了物理学的根基。

直截了当地说，量子论认为我们不可能知道一个物体的一切，因为总会有我们无法测量的东西。如果你足够了解某一种属性，就会自动丢失其他属性的相关信息。

在牛顿的宇宙观中，我们通过了解现在来了解未来，这种宇宙观被一个患花粉热的数学呆子扼杀了。你不可能知道关于现在的一切，所以永远不可能正确预测未来。永远。

有时候人们会曲解海森堡不确定性原理，认为是设备不够好才不足以了解粒子的全部特性，但这种说法低估了该原理。无论我们如何制造探测器，无论我们如何精确测量，都没有用。我们永远不能完全确定粒子的属性，因为它不完全是粒子。它也是波。

探究电子的粒子属性就像是问“哪个字是‘战争与和平’？”或者“彩虹是什么颜色的？”这是在试图简化不可能简化的东西。

正如海森堡本人所说：“原则上讲，我们无法知道当前的所有细节。”[10]牛顿的梦想是准确地预测未来，量子论迫使我们放弃这一梦想。

在日常生活中，我们很容易知道一个物体的位置和速度。事实上，这是所有运动的基础。量子篮球是完全不可行的（尽管非常热闹），因为如果知道扔出篮球的动量，我们就不能确定它的位置。量子篮球会在半空中模糊成球状云，我们可以观察到它移动的速度，但无法确定要站在哪里才能接住它。在日常生活中我们忽略了不确定性原理，唯一的原因是相比于“不确定性云”，我们的体积太大了。不确定性原理在日常生活中不会引起问题，但如果我们想要测量单个的粒子，就会撞上无知之墙。

这也意味着粒子永远不会静止。如果电子在原子核周围停止运动，它就会有明确的位置和动量（0）。它将只表现出粒子性，而波动性将消失。这种情况不会发生，因此粒子必须永远运动。

海森堡本人是这样说的：

差不多凌晨三点我才计算出最终的结果……最开始我很惊慌。我有一种感觉，透过原子现象的表面，我看到了异常美妙的内景。大自然慷慨地把数学奥秘呈现在我眼前，一想到现在必须去探索它，我就感觉眼花缭乱。我兴奋得睡不着觉，所以天刚蒙蒙亮时，我走向岛的最南端，攀上了我一直渴望的伸出海岸的岩石。我不怎么费力就做到了，然后等待太阳升起。[11]

第4章　驯服野兽

薛定谔博士

现在仍然有人不接受玻尔原子理论中的电子壳层和量子跃迁。这些理论没有解释为什么只存在特定的能量壳层，以及为什么其预测的数据并不总是与实验相符。

玻尔根据不同的理论把原子捣碎、揉在一起，就像一个玩洋娃娃的孩子强迫娃娃亲吻。他知道这不能一劳永逸，必须有一个更简洁、更优雅、没有人想过的理论。想出这个理论的人是埃尔温·薛定谔。相较于他的理论，薛定谔的个人生活更令全城人津津乐道。

薛定谔是个天才，他有些离经叛道，崇尚精神自由，喜欢打领结。在长达50年的职业生涯里，他就科学、艺术和哲学等主题撰写了大量文章。薛定谔是上流社会的弃儿，他与妻子安妮、情人希尔德的三角恋引发了不少流言蜚语。[1]

尽管生活很有趣，但薛定谔的绯闻并不是他获得诺贝尔奖的原因（这本来可以当作获奖感言）。薛定谔获奖，是因为他有更好的方法解释原子。

骗子

薛定谔讨厌圣诞节。他反对带有宗教色彩的活动，这是人尽皆知的。所以，1925 年 12 月，他决定搬到瑞士一座偏僻的别墅，从而远离一切庆祝活动。薛定谔的妻子留在家里，但“一位来自维也纳的旧情人”在避寒期间陪着他，这位女友的身份已不可考。[2] 这段时间里薛定谔没有写日记，所以没有人知道他究竟做了什么，但我们知道他度假的行李箱中装着一个待解决的物理问题。

薛定谔一开始对量子论不感兴趣。他是个天才的物理学家，但专业领域是波的行为，而不是粒子。老实说，他对电子、光子和质子感到厌烦。当然，自从人们意识到有时需要把这些粒子看成波后，他就不这么觉得了。

如果把电子当成粒子，薛定谔知道很多方程来描述它的行为；但如果把它当成波，人们就束手无策了。他后来写道（转述自德语）：“这种极端的想法可能是错的……换句话说，忽略波的相反观点导致了很大的困难，以至于似乎应该夸大另一种方法的重要性。”[3]

其他人都在用粒子物理来描述原子，但如果他能提出一种波动方程以达到同样的效果，也许会带来新的洞见。本质上，薛定谔是想表现得特立独行。不管怎样，考虑到他得到了异性的青睐，而且将诺贝尔奖章随意地摆在壁炉上，或许我们可以说他做到了。

薛定谔自己也承认，他对数学了解不多，想不出新的定律，[4]但在那个不可思议的冬天，他显然把自己吓了一跳，因为在新年伊始，他带来了每个人都在寻找的东西：一个能准确描述核外电子能量的方程。

薛定谔把波粒二象性如何成立的问题放在一边，只关注事物的波动性。他设想把原子表面的每一个电子拉伸，就像把一块黄油涂在烤面包上一样。这层电子膜可以缠绕原子核，并以特定的频率振动。

对于给定的输入值，比如质量或原子核的牵引力，薛定谔方程能准确地预测原子中的电子以三维方式振动的形状，他称之为“波函数”。

波函数是一种方程，你可以用它来生成电子在特定空间或特定时间的一系列属性：波高、波长、波速等。

薛定谔方程对波函数（波函数是薛定谔方程中

的一个方程）进行计算，并预测了电子的性质和行为如何随时间变化。不仅如此，它最终解释了为什么只存在特定的能量壳层。

我们要去的地方不需要粒子

由于原子中的每个电子都被原子核所俘获，所以电子的行为受到限制。例如，一个波只能以完整的波形出现，如下两图所示。左图表示单波，右图表示双波。

你找不到四分之三波，因为它不适合出现在直线上。直线上只允许出现特定的形状。

允许出现的波叫作“谐波”。这个听起来很有音乐感的名称并非巧合。上图的形状相当于你演奏的弦乐器的音符，在空气中每个波形都产生不同的声音。

当你拨动吉他弦或班卓琴弦，它会以一种特定的能量振动。不同的音符代表不同的谐波（允许出现的波）。薛定谔方程表明，与原子核结合的电子具有相同的音乐感。

当然，我们必须进入更高的维度，因为原子并不是直线。但如果能计算出三维振动的谐波，你就可以得到电子波的形状。很难想象该如何计算（这超出了薛定谔的才能），但幸运的是，不久后，其他数学家给出了答案。

第一个电子谐波呈球形（如下图左）；第二个电子谐波看起来像两个相互挤压的气球，一前一后（如下图右）。

这些球形和哑铃形告诉我们要去哪里寻找电子波。电子并不是像小球一样绕着原子核的，我们应该把电子想象成以原子核为中心的球状振动面。随着能量增加，其形状变得越发复杂（太难了，我画不出来……凭我的艺术修养画不出这些草图，但如果你感兴趣，可以在网页上搜索“s 形”“p 形”“d

形”“f 形”)[1]。

原子核周围电子振动的区域不再被认为是“轨道”，所以我们称之为“原子轨道”。当然，“薛定谔轨道”听起来更好。

这最终解释了能量量子化的由来。原子核周围只适合特定的电子谐波，因此特定的原子只能有特定的能量值。在玻尔的壳层理论中，能量层级是一种不知道从哪里冒出来的东西，而在薛定谔更高级的波函数理论中，能量层级是可以预测的。

更妙的是，薛定谔方程告诉我们，这些原子轨道只能以特定的角度结合，而整个化学学科证实了这一预测。

薛定谔方程也摆脱了那些讨厌的量子跃迁。当电子从内层轨道跃迁到外层轨道时，发生的事情就像是振动的跳绳随着你的手改变速度而改变波长。这种转变看起来令人厌恶，但整个过程很平稳，并非瞬间发生。电子从一个轨道变换到另一个轨道时要发射或吸收光子，这是电子波振动成新形状的结果。

---

[1] spdf 是原子轨道的名称，s 形轨道呈球形，有 1 个轨道，可容纳 2 个电子；p 形轨道呈哑铃形，有 3 个轨道，可容纳 6 个电子；d 形轨道呈花瓣形，有 5 个轨道，可容纳 10 个电子；f 形轨道呈三角双锥形，有 7 个轨道，可容纳 14 个电子。——译注

唯一的问题

薛定谔方程计算的是波函数，并预测它会如何变化。关于电子我们想知道的一切，波函数都提供了充分的描述。毫无疑问，这是数学美的胜利。前提是你不去问那是什么意思。

你所需要做的，就是输入相关的数字，转动手柄，页面上的符号就会输出可靠的数据，告诉你在特定的情况下电子会发生什么。但……电子波……究竟是什么？

更令人忧心的是，如果不在运算中加入“虚数”，薛定谔方程就无法给出正确的答案。我在本书中尽量不用数学方法解释量子力学，但虚数对这个故事很重要，我们不能轻松地绕开它。所以，亲爱的读者，系好安全带，我们要开始玩数学游戏了！

发挥你的想象力

事情是这样的。取一个负数，比如 −2，然后加倍，就得到了−4。我们可以把算式写成：$-2\times2=-4$。

然而，如果我们用 −2 乘以 −2 本身，会得到相反的数字。一个负数乘以另一个负数结果是正数，因为负号被抵消了，也就是把负数彻底转变成正数。两个负数相乘得到正数，我们可以写成：

（−2）×（−2）=4。

每个人都知道4的平方根是2（如果你不知道……那么，剧透警告！），但这不是完整的答案。事实上，4的平方根是2和−2，因为这两个数与本身相乘都等于4。

这意味着−4的平方根不是−2，因为−2的平方不等于−4。那么负数的平方根是什么？似乎没有任何数字与自身相乘可以得到负数。

为了解决这个悖论，亚历山大港的希腊数学家希罗发明了一种新的数字，这种数字垂直于我们习惯使用的数字。这些数字被定义为负数的平方根，勒内·笛卡尔称之为“虚数”，因为这些数字看起来不切实际。【5】

我们用字母i表示虚数，并把i定义为−1的平方根。−4的平方根是i2，−9的平方根是i3，−16的平方根是i4，以此类推。

虚数看起来像骗人，但话又说回来，数学家经常创造一些概念，在科学家为这些概念创造用途之前，它们看起来毫无意义。毕竟，有一段时间负数听起来很蠢，你能拿出−5个物体吗？

在这个意义上负数不是“真实的”，我们不能够用手数出一个负数，但它们绝对是有用的。电子的电荷与质子的电荷相互抵消，所以正负数是个很好用的系统。

同样，只有方程中包含虚数时，电子波函数才能成立。如果薛定谔的方法有效（它确实有效），那么电子不仅在三维空间里绕原子核振动，还在一个虚构的维度里绕原子核振动。大自然在搞什么鬼？

生而自由

德国物理学家马克斯·玻恩是第一个试图理解电子波函数真正含义的人。玻恩被量子力学的随机性迷住了，这是海森堡不确定性原理的直接结果。

我们测量一个粒子，最终能确定它的位置、动量等性质（在海森堡极限内），但真正奇怪的是，由于这些性质在测量之前有点模糊，重复测量几次会得到不同的结果。

如果一遍又一遍重复某个经典的（普通的）实验，你会得到相同的结果。让小球滚下斜坡，你很容易就能预测它会到达哪里。在牛顿这样的人看来，世界上不存在真正的随机或偶然，只存在可预测的物理定律。

对经典物理学家而言，哪怕抛硬币的结果也不是随机的。拇指施加的冲量、硬币在空中划出弧线的角度，以及它与地面的相互作用，都预示了硬币最终会哪一面着地。

如果有一台足够强大的电脑，并将所有的数据输入其中，你就可以准确地预测抛硬币的结果。我们之所以把抛硬币当成随机的，唯一的原因是我们无法立刻完成这么多计算。但量子力学不同，量子力学的结果似乎真的是随机的。

你也许听过这句格言："疯狂就是犯同样的错却期待不同的结果。"这句话常常被误认为是爱因斯坦说的（事实上它出自匿名戒毒会 1981 年印刷的小册子）。[6]这是有道理的。如果你一遍又一遍重复同样的事情，却期待不同的结果，那你该有多疯狂？就像量子物理学家那样疯狂。

以双缝实验为例。一开始，你向双缝发射一束电子或质子或无论什么粒子，结果探测屏上出现了斑马条纹。但你不可能提前知道，当一个粒子落在屏幕上时，它会出现在哪条条纹上——你只能基于概率来猜测。

粒子有 40% 的概率落在中央光带，有 20% 的概率落在两侧相邻的光带，有 10% 的概率落在次相邻的光带，等等（暂且记下这些数字）。

实际上，当你沿着轨迹掷出电子，会发现它的终点都不同。海森堡不确定性原理迫使我们放弃预测未来的想法，让我们接受这样一个事实：事情的发生基于概率，优雅而疯狂的量子女神一时兴起的念头决定了一切。在实际测量以前，粒子的位置是不精确的（粒子是不确定的），我们在测量时只能预测可能的位置，而不是确切的位置。

所以，玻恩决定计算电子波通过双缝时的薛定谔解，发现波的“振幅”（波有多高）对应着我们熟悉的数字。

探测器屏幕中心的峰值（波的振幅最大的地方）亮度为 6.32，接下来两边的两条光带亮度为 4.47，再接下来是 3.16。这些数字似乎没有规律，但其实有：它们是我们刚刚看到的百分数的平方根——40 的平方根、20 的平方根、10 的平方根。

如果我们用薛定谔方程计算电子波，然后把结果与本身相乘（取平方），它们就会与实验中粒子的可能位置相匹配。

似乎薛定谔的波函数是计算电子在某个位置出现的概率的平方根。所以，哇，感谢玻恩，这下就清楚了。我还有什么不清楚的？

这究竟是什么意思

玻恩对薛定谔方程的解释，似乎暗示了概率是宇宙中粒子必须遵守的内在法则。而人类之所以发明概率，最初是为了预测哪匹马可能赢得比赛。

粒子当然是粒子，但其位置是由概率波决定的，而且在不断变化。根据量子论推测，我们不应该认为任何东西都有固定的位置，而要说位置是随机确定的，取决于概率。

粒子较有可能落在薛定谔波到达峰值的地方，而不太可能落在薛定谔波到达谷值的地方[1]。电子、质子和光子本身并不是波，但它们的可能位置是波。

我们永远无法准确地预测一个粒子在特定时间的位置，但通过薛定谔方程（以及假设粒子的位置在虚构和真实的维度上振动），我们可以计算出可能的结果。

因此，粒子可以反复通过相同的实验仪器，但最终出现在不同的位置，因为它们的命运并不是一成不变的。每个原因都有许多潜在的影响，量子女神的选择是完全随机的。有时，在原子某一侧的电

[1] 原文不准确。粒子出现的概率对应的是波函数振幅的平方，因此实际上，粒子较有可能落在波峰或波谷（振幅最大），而不太可能落在波节（振幅为 0）。——译注

子，当它的位置在空间中振动时，会发现自己处于原子的另一侧。

如果这一切有些复杂、让人困惑，那么讲一点有趣的冷知识来放松一下：歌手兼演员奥莉维亚·纽顿－约翰是马克斯·玻恩的外孙女，曾在 1978 年的电影《油脂》（*Grease*）中与约翰·特拉沃尔塔演对手戏。

遗憾的是，《油脂》并没有提及量子力学，除非我们认为“寒栗”是“波函数”的隐喻。当寒栗倍增时，这意味着波函数与自身相乘（取平方）以求得电子的最终静止位置的概率。

如果是这样的话，我们可以准确地说，一旦我们解开了薛定谔方程，面对的将是一场哲学危机，我们将不得不接受完全随机的实验结果，因此我们正在“失控”。

通向胜利的隧道

虽然玻恩对波函数的解释非常大胆，但有一种方法可以检验。我们可以把一个粒子扔向墙壁，看它是否能被粘住。

想象一个经典的（普通的）物体，比如网球，把它猛地掷向障碍物，接下来发生的事情是毫无疑问的——它会撞上障碍物，黏滞片刻，然后反弹回来。

玻恩对量子粒子的解释却截然相反。粒子的位置可以描述成不断振动的概率波。

如果把电子掷向墙壁，我们必须把它当成波。波的每一个峰值意味着“粒子很可能在这里”，每一个谷值意味着“粒子不太可能在这里”。所以如果波接近墙壁，其中的一些峰值会出现在墙壁的另一侧，就像这样：

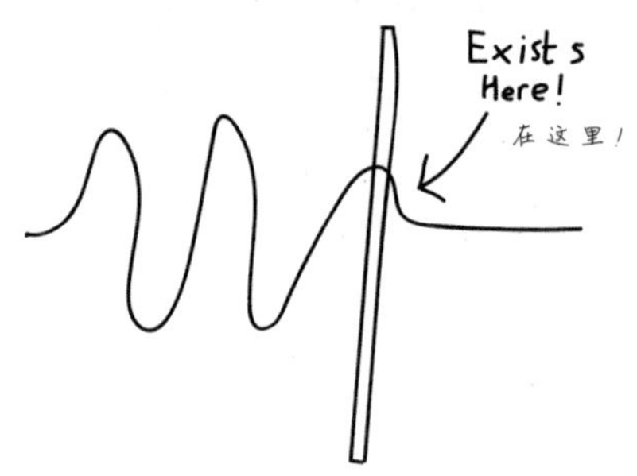

如上图所示，当粒子到达墙壁时，其可能位置大部分在同一侧（波的峰值大多数在左侧），但每隔一段时间就会有一小部分出现在另一侧。这种情况并不常见，因为波函数的值在另一侧很低（只是一个小的隆起），但电子偶尔会出现在墙的另一侧。

这种现象被称为“量子隧穿”，与玻恩的预测完全一致，人们已经多次观察和记录到。电子学中甚至有一种叫“约瑟夫森结”的设备，由夹着绝缘体的两块导电材料构成。通常来说电子会被这样的势垒阻挡，但由于量子隧穿效应，电子可以穿过势垒。我们可以通过改变势垒的厚度来控制电流的流动。

量子隧穿发生的时间是一千亿分之一秒[7]，在本质上类似于双缝实验。粒子可以选择从墙上弹回来，也可以选择通过隧道，就像粒子可以选择通过哪一条狭缝那样。唯一不同的是，在双缝实验中，粒子通过每条狭缝的概率是 50%，但在上述的量子隧穿中，粒子穿过势垒的概率很低，所以这种情况很罕见。

量子隧穿也解释了放射性的来源。原子核有时会随机喷出几个质子和中子（“α 辐射”）。这在经典物理中是不可能的，因为质子和中子被原子核中的其他质子和中子包围，不可能穿过。

但现在我们可以用波函数来描述所有粒子的位置，其中，一小部分粒子可以悬在原子之外。每隔一段时间，原子内部的粒子就会随机地通过隧穿到达原子的边缘，然后神奇地出现在原子外面。这正是我们在放射性辐射中观察到的。

选择用词

在 1926 年之前，量子论之间有一些松散的联系，是薛定谔把它们编织在一起的。他指出，波粒二象性与电子壳层的能量层级有关……这解释了原子轨道的形状和所有的化学理论……让我们可以通过概率来预测粒子。

在某些圈子里，人们大致认为早期的量子物理学家研究的是“量子论”，比如普朗克、爱因斯坦、德布罗意和玻尔，而薛定谔、玻恩和海森堡研究的是更复杂的“量子力学”。

大多数人并不纠结于这种区别，通常用“量子力学”指代1926年以前和1926年以后的物理学。但对于纯粹主义者而言，量子论始于普朗克，而量子力学始于薛定谔。

第5章 事情变得更加奇怪……又一次

我们所知道的一切都是错的

你可能已经注意到，量子力学中的每个理论都很快就被推翻了。不太懂科学的人可能会对此感到不安，就好像科学家一直处在不确定的状态似的（有人对海森堡双关感兴趣吗？），但这是正常的情况。

科学家总是把一种想法发挥到极致，想看看它在什么时候失效，因为没有什么东西是不容置疑的，也没有什么事实是神圣不可侵犯的。对于某个观点，相信好过笃信，因为这样你更容易承认自己错了。尽管薛定谔方程很出色，但它也概莫能外。

在发表它的时候，薛定谔堂而皇之地忽略了电子的电荷，因为电荷恒定，不需要调整。然而，当电子靠近磁铁的时候，薛定谔方程就会失效。

磁与电荷之间的影响十分强烈。移动的磁铁可以使附近的导线产生电流，而一圈电流会在其周围形成磁场。因此，只描述电子而不考虑磁效应的方程是不完整的。

你让我团团转

我们将在第 11 章探讨电荷与磁的联系，现在简而言之就是，电子就像小条形磁铁一样，它的周围有磁场，一端是北极，另一端是南极。我喜欢想象电子中间插着小型鱼叉，用来表示磁场的指向。

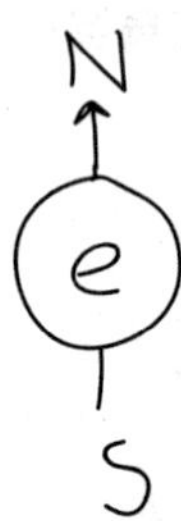

环形导线中的电流可以产生磁场，所以我们假设单个电子也能以类似的方式产生磁性。电子必须像陀螺一样不停地旋转才能产生磁极。

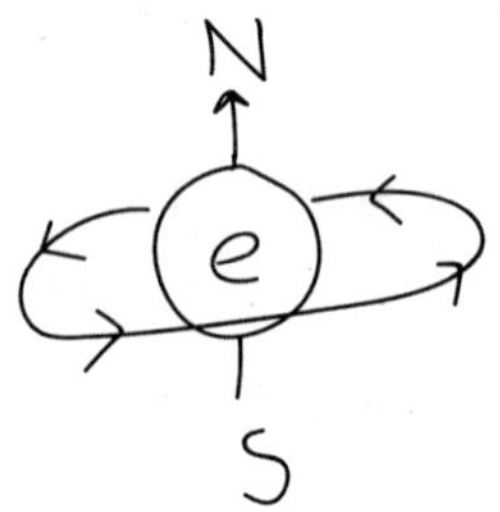

遗憾的是，对于合适大小的磁场，在计算所需的电子半径时，我们得到的结果是比整个原子还大。所

以，试图用绕轴旋转来解释电子的磁场显然是错的。

电子有磁性，一定是因为除了电荷之外还具有一些神秘的性质。但当我们意识到这一点时，所有人都已经在想象电子的旋转了，所以我们就沿用了这个名称，把这种神秘的性质称为“电子自旋”——尽管这个名称对理解这种性质毫无益处。它并不像字面意思那样指电子绕轴旋转，它只是我们用来表示电子磁性的一个词。

为了探究这种“自旋”性质的情况，德国人奥托·施特恩和瓦尔特·格拉赫决定测量粒子的自旋。他们的方法是向布满磁场的通道发射粒子，通道一端的磁场稍强，对粒子产生了合力（而不是两边抵消）。

当有磁性的粒子被轰向通道并且穿过磁场时，它应该偏转一定的角度，这取决于它当时“自旋”的程度。重申一次，“自旋”并不是字面意义上的粒子旋转，但无论自旋是什么，它应该有很多个不同的值，因此粒子往各个方向偏转。

有趣的是，施特恩和格拉赫发现粒子只往两个方向偏转。自旋（无论它是什么）大小总是相同的，但它的方向要么与磁场相同，要么与磁场相反。没有中间值。这意味着自旋和能量一样，是另一个量子化的性质。[1]

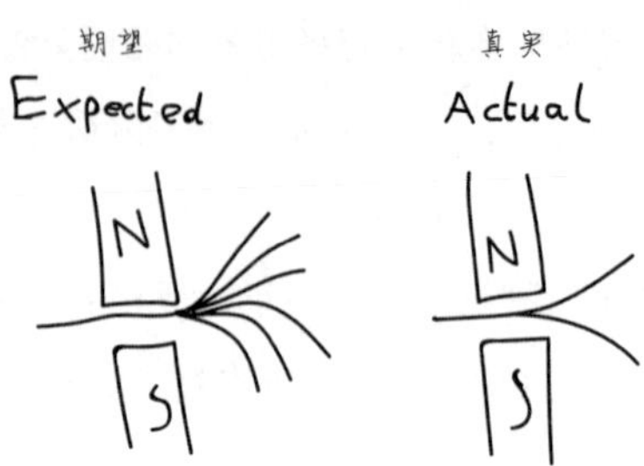

从这一点上来说，不再使用“自旋”这个词而改用“磁荷”之类的说法是合情合理的。但所有人都固执地选择“自旋”这个词，而且为了方便，施特恩和格拉赫称之为“上旋”和“下旋”，而不是顺时针和逆时针（关于自旋和磁性更详细的讨论，参阅附录Ⅰ）。

之后，物理学家沃尔夫冈·泡利对薛定谔方程进行了适当的修正，他把自旋的影响考虑在内，得到了泡利方程。

泡利不擅长做实验，他在这方面的名声甚至比海森堡还差，以至于他的同事把他进入房间时设备的自发故障称为“泡利效应”。但和海森堡一样，泡利也是出类拔萃的理论物理学家，他的方程是一个奇妙的修正。

当我们测量一个粒子时，薛定谔方程告诉我们它的可能位置，而泡利方程告诉我们它的可能自旋。

我们对“波函数”的定义应该扩展到粒子可能具有的所有属性，包括自旋、能量、动量、位置、最喜欢的电影以及我们想知道的任何东西。

电子的选择

那么，我们使用施特恩－格拉赫通道，根据自旋把电子分为两束，一些电子上旋，另一些电子下旋，各占一半。现在，想象一束全部上旋的电子，让它们通过第二个通道。纯属娱乐。

该电子束中的每个电子都像预期的那样沿直线穿过通道。我们发射上旋的电子，所以它们很自然地都只向上偏转。但现在，假设我们把第二通道旋转90度。这束上旋的电子会一分为二，这一次是左旋或右旋。

显然自旋是由我们所观察的轴决定的，所以如果我们把磁铁横向放置，就会得到左旋或右旋的电子束。

我们已经把所有电子分为上旋和下旋两类，接下来把上旋电子分为左旋和右旋两类。

现在，我们让上旋－左旋电子通过另一个通道，这次的通道与第一个一样是纵向放置的。进入通道的是一束上旋－左旋电子，所以很明显，从通道另一边出来的将是一束上旋电子。但事实并非如此：有 50% 的电子变成下旋。

不要倒“下”

想象有一群人，我们让他们去医院门诊验血。首先，我们把 A 型血和 B 型血的人分开；接着，我们带着 A 型血的人去第二个门诊，区分 A+ 型和 A- 型；之后，我们把 A+ 型血的人带回第一个门诊，却发现其中有人自动地变成了 B 型血。这就是电子自旋做的事情。为什么会这样呢？

我们先前的假设是：上旋电子通过左旋 / 右旋通道后仍然是上旋的。但这并不能解释我们实际看到的情况。严格来说，当我们发射上旋电子通过左旋 / 右旋通道时，我们在另一边所能确定的是这些电子是左旋还是右旋。我们再也无法知道它们是上旋还是下旋，因此没有理由假定它们和以前一样，似乎测量电子的左旋 / 右旋会让它忘记自己的上旋 / 下旋。

这告诉我们一个新的海森堡不确定性原理：我们永远不可能同时知道一个粒子的两个轴向的自旋。横向和纵向的自旋可以单独测量，但测量一个就会抹掉另一个，就像测量粒子的位置会抹掉它的动量。

但还有更奇怪的事情在发生。

对于粒子的某种性质，如果我们测量它的互补性质，原来的性质就会被抹掉。这意味着测量行为本身会通过某种方式让粒子接受最重要的性质。

施特恩－格拉赫实验表明，我们未测量的自旋性质迷失了，只能在重新测量它的时候找到它。显然，当我们不注意的时候，粒子的性质简直可以说是不存在的。这意味着恩培多克勒的古老思想，即人眼赋予物体外观，可能揭示了最终的真理。

你仔细看了吗

回头看看双缝实验，我们不得不怀疑自己的理解是否正确。当粒子穿过双缝时，我们假设它有确定的位置，但也许它没有。也许双缝实验的结果是因为电子根本不是电子，而是某种诡异的幽灵状态，只有当探测屏测量到它时，它才变成了具有明确属性的粒子。

我们用薛定谔波动方程计算出某个特定结果的概率，但在真正测量到那个结果之前，一切都是未知的。粒子没有通过任何一个狭缝，因为它还不是具有某种性质的粒子。

我们真正应该做的是在每个狭缝旁边放一个小

摄像头，观察粒子在做决定的那一刻做了什么。如果粒子真的在那里，我们就应该能看到它做决定。

好吧，我忏悔。相关实验并没有真的在狭缝旁放一个摄像头，但进入狭缝测量的细节相当无聊。所以让我们想象实验中真的有微型摄像头吧。

在施特恩－格拉赫的实验结果出来之前，我们希望记录一个粒子同时通过两个狭缝的镜头。实际发生的是物理学中最奇特的结果之一。当摄像头对准这些狭缝时，电子会像经典粒子一样每次只穿过一条狭缝，量子斑马条纹也会消失。

在狭缝旁边放置摄像头是一种测量，它以某种方式使粒子变成了粒子。不拍摄的时候，粒子具有波动性；可我们一打开摄像头，它们就恢复正常。在我们的预料中，这是政客的性质，而不是粒子的性质。我的意思是，以马克斯·普朗克的灯泡的幽灵之名，粒子如何知道我们是否打开了摄像头？

这就是所谓的“测量问题”，其原因不言而喻。我们不观察粒子的时候，它的动量、能量、自旋甚至位置都在某种我们从未直接看到的、未知的虚无中摇晃。不知怎么，测量迫使它们接受了现实世界的性质。显然，粒子很在乎我们是否观察。

第6章　盒子与猫

丹麦路径

随着观察越来越多、方程式越来越准确，两个阵营诞生了。对于如何处理这种离奇的现象，双方各执一词。

第一个阵营是想要了解量子力学本质的哲学家，比如爱因斯坦、薛定谔和德布罗意。

第二个阵营是想要不考虑它的真正含义而直接使用量子力学的数字玩家，其中最著名的是在哥本哈根工作的玻尔与海森堡。

海森堡在1930年写了一本书，叫《量子论的物理原理》（*The Physical Principles of the Quantum Theory*），书中总结了多年来他与玻尔一直在酝酿的观点。海森堡称之为“das Copenhagen giest”，字面意思是“哥本哈根幽灵”，尽管“灵魂”或“精神”这样的词更符合他的本意。恐怕量子力学并不能完全证明幽灵的存在，尽管它确实为死而复生提供了一个很好的理由（请往下看）。

量子力学的“哥本哈根诠释”是一种实用主义

的观点，它认为物理学的深层定律与人类经验大相径庭，所以我们永远无法理解。

它主张，就像光的颜色可以混合形成白色一样，粒子的属性也可以混合形成一种“叠加态”，在这种状态中，粒子既不上旋，也不下旋，既不存在于此处，也不存在于彼处。它既是一切，也是虚空。

用海森堡自己的话来说：“粒子本身并不真实，它们构成了潜在性与可能性的世界，而非事物与事实的世界。”[1]

粒子并不在乎它们对我们是否有意义，也不会屈服于我们人类的极限，所以我们别无选择，只能从表面理解。你要么爱上你所看到的，要么尖叫着跑开。波函数以一种半真半假的方式波动，测量改变了它们。关于这个问题再没什么好说的了。讨论结束。

总结

玻尔和海森堡相信这种观点，但令人恼火的是，他们从未阐明所有的细节。有时你可以得出特定的解，但就像量子粒子本身一样，如果它们愿意，就可以让事情变得模糊。下面简单总结了他们二人相信的观点。

不被测量时，大自然处于多种状态（或没有状态），叫作“叠加态”。而在测量时，我们像打苍蝇一样把这种叠加态拍在墙上，迫使它成为某种事物。

薛定谔方程告诉我们可能的测量结果，但在确实发生以前，一切都是未知的。在事件发生的时候，我们说叠加态“坍缩”成一种状态，就像一个泡泡被戳破那样，最终得到的是一个普通版的粒子，有时我们称之为粒子的“本征态”。这是我们在经典物理中使用的方法，但在测量之前，我们必须使用概率波。

我们也不可能预测粒子的波函数会坍缩成哪种本征态，因为宇宙还没有决定。我们只能测量，看看会发生什么。这就是玻尔和海森堡夜晚睡觉的方式。

对很多人来说，哥本哈根诠释是一场卑劣的骗局。它什么都解释不了，只是告诉你要满足于无知。批评家称之为“少废话，去计算”[2]，因为它回避了直觉，不由分说地让人盲目地使用这些方程，这给人的感觉很不好。而且，哥本哈根诠释所引发的问题也是相当深刻的：

（1）为什么粒子可以处于多种状态或没有状态？

（2）为什么测量使粒子陷入本征态？

（3）为什么结果是随机的？

（4）为什么我们不能同时知道所有的性质？

（5）如果粒子不遵循简单的经典定律，为什么日常世界会遵循？

哥本哈根诠释对这五个问题的回答都是耸耸肩，说："就是这么回事。"有些人不能接受这种说法，尤其是爱因斯坦。

够了！

爱因斯坦和玻尔有着复杂的兄弟情谊。他们尊重对方的智慧，却在量子力学上针锋相对。他们在参加的每一场会议中都发生了激烈的争论，他们私下或公开写了很多信，指出对方犯了多么严重的错误。

在一封写给玻恩的著名的信中，爱因斯坦说他不能接受这样一种使大自然变得随机的理论，并这样结尾："这个理论说了很多，但并没有让我们更接近旧理论的秘密。无论如何，我相信上帝不掷骰子。"[3]这里的"旧理论"，是爱因斯坦用来代指无人格的上帝。

海森堡是他们的好朋友。根据他的说法，在听到爱因斯坦坚称上帝不掷骰子时，玻尔这样回应："我们不应该规定上帝该如何管理世界。"[4]

月亮，美丽的

爱因斯坦之所以反对哥本哈根诠释，主要是因为他认为物理学的目的在于弄清楚事物运作的原理。大自然通过量子力学告诉我们一些东西，我们必须弄清楚。在爱因斯坦看来，当事情变得有趣时，玻尔却放弃了。

亚伯拉罕·派斯是哥本哈根诠释的支持者。在一次激烈的争论中，爱因斯坦指出了测量问题的愚蠢之处，他质问派斯，是否相信不看月亮时月亮就不存在。[5]在哥本哈根诠释中，事物要先被观察，然后才有明确的属性。所以，如果没有人观察月亮，那么严格来说月亮的波函数就是叠加态，同时处于各个地方与各种状态。

问题是，爱因斯坦的反对基于直觉，而非基于证据。仅仅因为我们乐于相信不观察的时候月亮也存在，并不能证明事实就是如此。为什么月亮不会在没人测量的时候消失呢？你能证伪这一点吗？

在玻尔看来，人类思维之所以进化，是为了在非洲平原上寻找浆果，而不是研究高等物理学。我们迟早会撞上一堵墙。一个人想要理解量子力学，就像一个家用恒温器想要理解詹姆斯·邦德系列电影《007：大破量子危机》（*Quantum of Solace*）。想想看，让恒温器像一个真实的人一样去理解《007：大破量子危机》的情节，简直是不可能的。

这些争论逐渐变为了街谈巷议，爱因斯坦开始走下坡路，人们小心翼翼地为玻尔的胜利欢呼。在一些资料里，爱因斯坦被无情地描述成一位大谈着当年科学有多么好的过时的伟人，已经离开了物理学的前沿。

这可能会给人一种满足感，因为人们喜欢知道爱因斯坦也有极限，但实际上他非常了解量子力学。这就是为什么他竭力从中找毛病——他知道量子力学究竟是什么。

薛定谔那声名狼藉的僵尸猫

玻尔把爱因斯坦的上帝骰子和突变月亮视为情绪上的反对，对科学事实没有任何影响。后来，薛定谔决定要挑战哥本哈根诠释的统治地位。

我喜欢想象这样的画面：薛定谔整理领结，卷起袖子，把爱因斯坦从摔跤场上拉下来，在场边一小群啦啦队员的支持下，薛定谔对爱因斯坦说："退后，阿尔伯特，换我拿下这一场。"

薛定谔决定走一条不同的路，他没有攻击"测量"，而是攻击"叠加"。1935 年 11 月，薛定谔在

《自然科学》杂志上发表了一篇文章，提出了今天众所周知的“薛定谔的猫”悖论。他认为，这篇文章可以一劳永逸地打击哥本哈根诠释。

想象把一只猫关在密闭的铁盒子里，然后离开一小时。在铁盒子里，一个盖革计数器可以检测旁边的放射性物质是否发射出粒子。我们不可能预测一个小时后是否会发射出粒子，但我们可以选择一种材料，其波函数表明，该物质一小时后发射出粒子的可能性为50%。

粒子在原子内的可能性是50%，隧穿出来击中探测器的可能性也是50%。现在到了有趣的地方。盖革计数器连接着一个残忍的装置，它能让一只锤子落下来，打碎猫旁边的一瓶氢氰酸。

根据哥本哈根诠释可知，粒子同时采取两种选择，即处于原子核内与原子核外的叠加态。因此，锤子既落下了又没有落下，这意味着装有氢氰酸的瓶子既破碎又完好，而猫既死了又活着。如果认真思考哥本哈根诠释，你就必须接受一些荒谬的东西。叠加态一定是错的。

我不知道薛定谔为什么不用飞镖，或者其他让猫安乐死的东西，而是选择在几分钟内通过酸浴慢慢地腐蚀猫。薛定谔真是个怪人。

我也不知道薛定谔为什么选择猫。他的确养了一只叫布尔齐的狗[6]，还有人说他养了一只叫弥尔顿的猫[7]，但可能是杜撰的。也许有一天早晨，薛定谔正在写论文的时候，弥尔顿觉得应该在他的书桌上排便，所以薛定谔要让它永垂不朽。谁知道呢？

有时候，人们错误地把薛定谔的猫的实验描述成“你不知道猫是死是活，所以你不得不从两个方面思考”。这没有切中要害。

哥本哈根诠释说的是，粒子可以处于叠加态，这意味着任何与之相互作用的物体也可以处于叠加态。打开盒子的时候，你有 50% 的可能使猫的波函数坍缩成死或者活的本征态，但在打开盒子之前，这两种状态同时发生。

这就是为什么真正做这个实验是毫无意义的。人们永远不会观察到处于叠加态的薛定谔的猫，因为这就是哥本哈根诠释的观点——叠加态随机坍缩成本征态，你测量的是本征态，而不是叠加态。打开现实世界的盒子，你看到的不是死与活的叠加态，而是要么看到一只活生生的小猫，要么看到一团乱麻并为此感到内疚。

第 7 章　世界是一场幻觉

你看得到我，你看不到我

迪士尼与皮克斯合作的动画电影《玩具总动员》（*Toy Story*）及其续集都是关于量子力学的。电影的主角是玩具，当主人安迪看向它们时，它们表现得像普通玩具，可一旦安迪不看它们，它们就“活”了过来。

安迪没有见过玩具的活跃状态，只看到过它们的经典行为。他似乎也从未注意到在每次游戏之间，玩具的位置发生了改变（虽然他很善良，但他并不是最善于观察的孩子）。但如果他仔细观察，可能就会发现玩具的位置每次都略有不同。

粒子也是如此。如果我们把目光从粒子身上移开，那么相比于我们观察的时候，它们的行为有很大的不同。我们可以用薛定谔方程猜测它们可能的位置，但永远无法准确地预测每次我们走进房间时会发生什么。

假设安迪开始详细记录每个玩具的位置及每次的状态，他可能开始注意到，只能用概率描述自己观察到的状态。例如，胡迪[1]有90%的可能性出现在安迪上次离开的地方，但也有可能（可能性不为0）出现在房间的另一边，甚至在大楼外的某个地方。

如果安迪属于哥本哈根学派，他会用简洁的数学解释所发生的一切。他的玩具以每种可能的状态出现在所有可能的位置，直到安迪进入房间，这时玩具的叠加态坍缩成某种经典态。但有一个永恒且博大[2]的问题：当安迪出现在房间里，是什么引起玩具的波函数发生变化的？

在《玩具总动员》中，有一个场景是胡迪向一群玩具解释它们不得不打破作为玩具的“规则”，那么这些规则究竟是什么？谁决定了这些规则？

如果在安迪的卧室安装摄像头，这些玩具会“活”过来吗？如果有人偷偷地在暗中监视玩具，它们该怎么办？当玩具被其他玩具注视时，它们还能活过来吗？为什么小狗巴斯特不算在内？如果有人工智能机器人会怎样？黑猩猩会引起坍缩吗？那个邪恶的孩子西德看到胡迪开口说话而精神崩溃，以

---

❶《玩具总动员》的主角，一个牛仔玩偶。——译注

❷ 原文是“infinity and beyond”，出自《玩具总动员》中巴斯光年的台词“To infinity and beyond！”（飞向宇宙，浩瀚无限）。这里采取直译。——译注

至于放弃学业，在《玩具总动员 3》中做收集垃圾的工作，这又该怎样解释呢？（仔细看，那个人绝对是西德客串的。）

试图在《玩具总动员》的宇宙中寻找测量的哲学意义是一场噩梦，但在量子力学中我们不得不这样做。测量问题不仅仅违背直觉，还提出了一些严肃的问题：是什么使现实成为现实？

人们经常弄混测量问题与海森堡不确定性原理，但它们还是有区别的。测量问题说的是粒子在被观察时选择所处的状态；而不确定性原理说的是，即使观察也无法得到粒子的全部信息。

不确定性原理可以类比为安迪的眼睛有问题，需要特殊颜色的眼镜才能看见东西。不戴眼镜看玩具，他能分辨出玩具的颜色，但图像很模糊。也就是说，他能测准颜色，但测不准形状。如果他戴上眼镜，玩具就变得清晰，但通过有色眼镜他就看不清楚颜色了。他可以选择测量颜色或形状，但永远不能同时测量。

找一个朋友

1932 年，物理学家约翰·冯·诺依曼决定拆解双缝实验，对各个方面加以数学分析，从而确定是哪个阶段导致了波函数坍缩。测量过程的某些方面一定是特殊的。

他研究了正在生成的粒子，研究它如何离开发射器，如何接触狭缝，如何穿过狭缝，如何出现在另一侧等，并计算了相关的波函数。最后，令他大为恼火的是，他发现没有哪个阶段是特殊的。量子力学实验的每个部分在物理学上都是等价的。[1]

这极大地损害了哥本哈根诠释，因为既然不能证明是什么东西导致了波函数坍缩，那么为什么会出现坍缩呢？玻尔和海森堡耸耸肩，爱因斯坦挠了挠他的卷发，薛定谔关上了卧室的门。我们最好不要问里面发生了什么。

最终，匈牙利物理学家尤金·维格纳就测量问题提出了引起最广泛讨论（最不具代表性）的解决方案。他扩展了薛定谔的猫实验，把科学家本人纳入其中。

我们把猫关在密闭的盒子里，它处于一种死与活的叠加态；当科学家朋友打开盒子，会发现猫坍缩成一种本征态或另一种本征态。两种可能性各占50%。现在假设实验是在一个封闭的房间里进行，而维格纳等在房间外。

如果认真对待哥本哈根诠释，那么粒子既触发了探测器，又没有触发探测器，既杀死了猫，又没有杀死猫。在维格纳看来，他的科学家朋友会打开盒子，同时发现一只死猫和一只活猫。维格纳的朋友也将处在叠加态，既看到一只活猫而感到如释重负，又看到一只死猫而感到惊恐万分，寻找刷子和抹刀。只有当维格纳打开实验室的门，弄清楚里面究竟发生了什么以后，他朋友的波函数才会坍缩。[2]

但这是荒谬的。维格纳的朋友不可能处于叠加态，因为从来没有人观察到这样的人类大脑。在任何时候人类都不可能同时观察和不观察。意识总是处于本征态。因此，维格纳说，意识一定是坍缩的波函数。

根据维格纳的说法，在谈论测量的时候，我们实际上是在谈论一个正在观察的有知觉的头脑，因为头脑不存在叠加态，所以它观察到的粒子也不存在。

需要明确的是，维格纳并不是在量子牛油果❶领域获得网络文凭的小人物。他获得过诺贝尔奖，是众所周知的追求实际的物理学家。他并不喜欢把意识引入辩论中，但他别无选择。

---

❶ 在水果摊挑选牛油果时，你可以通过捏一捏来判断它的成熟程度，从而选择软硬适中的牛油果。但在你捏一捏的过程中，实际上已经改变了牛油果的软硬，也就是“测量”使“状态”发生了改变。——译注

小心谨慎

意识在过去是一个谜，现在仍然是。但由于实验的其他部分都可以被描述，所以波函数坍缩只可能发生在有意识的头脑中，这也是我们没能完全理解的地方。

维格纳的解释暗示了一些非常离奇的事情。首先，这意味着我们的头脑对粒子有影响，而不是粒子对头脑有影响。

其次，这意味着在数十亿年里，整个宇宙一直处于叠加态，直到有意识的生物进化到可以观察它。毫无疑问，在人类历史早期的某个时候，由于人口稀少且分布密集，肯定存在某个时候没有人看月亮。这时月亮会突然消失吗？如果这样，为什么地球没有在太阳轨道上失去平衡而倾斜，然后也消失呢？

是不是总有什么东西盯着月亮不让它消失？有没有可能有一颗至高无上的头脑时时刻刻都有意识地观察着宇宙，防止它在没有其他人观察的时候失控？

为此，这里有一篇颇具煽动性的打油诗，主题是观察，据说作者是哲学家、神学家罗诺尔·纳克斯：

曾有个年轻人开言道："上帝

一定要认为太稀奇，

假如他发觉这棵树
存在如故，
那时候却连谁也没有在中庭里。”
答：
“敬启者：您的惊讶真稀奇！
咱时时总在中庭里。
这就是为何那棵树
会存在如故，
因为注视着它的是——您的忠实的——上帝。”[1]

神奇的头脑

维格纳的意识论非常勇敢，但很自然，它被误解了，尤其是被新纪元运动[2]的某些成员误解了。你可能没有听说过所谓的“量子灵性教义”，但我可以介绍一二。

当你在网络上检索量子力学时，会看到一些关于科学、晶体、锻炼、左翼政治、佛教、印度教、素食主义、瑜伽、自我认同和冥想方面的文章。所

[1] 本诗的译文参考了马元德的译本，见罗素《西方哲学史（下卷）》，商务印书馆，马元德译。——译注

[2] 新纪元运动是 20 世纪 60 ~ 80 年代流行于西方的社会与宗教运动，主要是指把个人化的信仰与传统的宗教信仰融合在一起。——译注

有这些都是值得讨论的有趣的话题，但它们与量子力学没有任何重要的联系。

量子灵性论是“实在性哲学”介入的地方，因为许多精神导师声称，既然意识能够影响现实，那你就可以通过思考使事件发生。在这里我对他们的教义稍加改写，但由于他们的理论涉及量子力学，我想这是公平的。

在这一点上，我需要说清楚的是，灵性是一个重要的话题，每个人在生命的某些时刻都会接触到。事实上，量子力学的许多奠基人都是极具灵性的人（尤其是薛定谔与泡利）。但我们必须在是与非之间画一条线。

观察可能会引起波函数坍缩，但并不能决定我们最终处于哪种本征态。这仍然是随机的。

在薛定谔方程中，每个可能的本征态都有一个与之相关的“概率幅”，它告诉我们现实的可能性。最终的状态是由可能性决定的，而不是由测量决定的。

尽管我们可以说意识使一种本征态具象化，但绝不可以说我们能影响这个过程。你是现实的观察者，但你不影响现实在量子意义上的形式。如果想让世界更美好，恐怕你还得按部就班，做一个好人。

过去，维格纳版的哥本哈根诠释一直是辩论中有趣的部分，它很好地解释了猫的悖论，因为是猫的意识使它自己的波函数坍缩。但扪心自问，这仍然是一个骗局。

它说我们不知道波函数是如何坍缩的，也不知道意识是什么，但这两种东西以某种方式把我们与世界联系在一起。它又一次把宇宙的奥秘推向黑暗的洞穴，说："答案就在这里，但不许偷看！"

大脑是神秘的，但神秘并不意味着"违背自然法则"，它只是意味着我们还不知道其中的细节。在解释量子观测时，我们没有理由援引超自然现象，却有相当多的理由忽略它。

第 8 章　量子必须死

阿尔伯特·爱因斯坦攻击量子论

这是 1935 年 5 月 4 日《纽约时报》的头条新闻，时年 56 岁的世界上最伟大的物理学家转而反对他自己的创造物，就像弗兰肯斯坦❶抛弃自己创造的怪物一样。当然，爱因斯坦一直对量子力学心存疑虑。1935 年，在他的年轻助手纳森·罗森的帮助下，爱因斯坦投入了所有时间，他要把量子力学推向灭亡。

倾注了多年的血汗，并得到了俄罗斯物理学家鲍里斯·波多尔斯基的一点帮助，爱因斯坦最终在玻尔的盔甲上发现了一道裂缝，这就是后来的爱因斯坦－波多尔斯基－罗森佯谬，简称“EPR 佯谬”。[1]

必须处死猫吗

薛定谔方程把粒子描述成一个随时间变化的取

---

❶ 英国作家玛丽·雪莱的小说《弗兰肯斯坦》(*Frankenstein*) 中的人物。弗兰肯斯坦是个疯狂的科学家，他创造出一个怪物来，而这个怪物杀死了弗兰肯斯坦的弟弟和爱人，弗兰肯斯坦决定毁掉它。——译注

平方根的可能属性——波函数。我们没有理由只局限于一个粒子。

氦原子的原子轨道上有两个电子。由于波函数可以叠加，两个电子的波函数可以组成一个“双电子波函数”。这在数学上比较复杂，但在物理学上没有问题。

我们甚至可以更进一步，把质子和中子的波函数与双电子波函数加起来，从而得到整个原子的波函数。实践中很难做这样的计算，通常我们不得不走捷径（参阅附录Ⅱ），但在理论上我们可以计算任何事物的波函数，无论它包含多少粒子。

我们先从两个电子开始，把它们的波函数加起来。现在，在波函数上计算的每一个值，都是把这对电子当成一个单位，而不是单个的电子。

一对电子的波函数可以告诉我们，其中一个电子上旋，而另一个电子下旋，但在测量之前我们无法确定究竟是谁在上旋、谁在下旋，因为波函数是联合在一起的，我们必须描述整体，而不能描述其中的成员。

薛定谔把这样的两个粒子称为“纠缠”，因为它们的属性就好像纠缠在一起，在测量时无法预测哪个粒子会出现哪种属性。[2]

我们可以打个比方，还是以薛定谔的盒子为例，但里面关着两只猫。在经典状态下这两只猫是不同的。“手套”是一只毛发蓬松、长胡须的橘猫，“靴子”是一只毛发粗糙、短胡须的黑猫。但在量子力学中，我们只能说盒子里存在“橘猫”“黑猫”两种状态，以及“毛发粗糙”“毛发蓬松”“短胡须”和“长胡须”这些状态。

打开盒子的时候，我们可能发现一只毛发蓬松、短胡须的黑猫和一只毛发粗糙、长胡须的橘猫。很难说哪只是本来的“手套”。

“手套”已经不存在了，因为定义它的特征不再相同，而是与“靴子”混在一起。换句话说，猫不会消失，但通过纠缠，它与另一只猫“杂交”在一起。

分而迷惑

假设有一个未被测量的粒子，该粒子同时处于上旋和下旋的叠加态。现在把它分成两部分（别担心怎么做，假设你能做到），形成两个次级粒子。原始的初级粒子的波函数已经分裂，但它的所有信息仍然存在。次级粒子具有初级粒子的综合属性，但仍然很难说哪个粒子有哪种属性。

根据经典物理的常识，我们可以得出结论，其中一个粒子上旋，另一个粒子下旋。但量子力学说，在测量之前我们无法确定粒子的性质。这两个粒子的整体仍然处于上旋/下旋的状态，但它们都没有决定选择上旋还是下旋。

当然，如果我们测量其中一个粒子，它就必须选择一种本征态。假设它选择上旋。两个粒子的整体波函数仍然是上旋/下旋，由于其中一个粒子已经选择了上旋，那么另一个未被测量的粒子就一定会在瞬间变成下旋。

按照薛定谔的理论，另一个未被测量的粒子不能保持叠加态，因为整体波函数始终处于上旋/下旋的状态。如果我们测量一个粒子，使其坍缩成本征态，那么另一个粒子就必须采取对应的本征态。

然而，要使未被测量的粒子坍缩成下旋，那么已测量的粒子就必须让它知道，两者之间会传递这样的信息："我已经坍缩成上旋，你最好现在就坍缩成下旋！"

粒子之间的距离无关紧要。我们可以在一个房间的两端或一颗行星的两端这样做，结果都是一样的。量子力学预测，一对纠缠的粒子必须在瞬间相互传递信息，这就是 EPR 佯谬的来源。信息不可能传递得那么快，否则就违背了狭义相对论。

相对简单

量子力学是团队努力的结果。普朗克是经理，爱因斯坦是队长，玻尔是守门员（他实际踢的位置），德布罗意、玻恩、索末菲和泡利是中场，然后海森堡和薛定谔是前锋，施特恩和格拉赫是后卫。噢，很明显，他们的吉祥物是一只猫。

在量子力学的发展过程中，量子物理学家获得了超过30个诺贝尔奖。虽然爱因斯坦是一个关键人物，但他只是其中之一。不同的是，狭义相对论基本上就是爱因斯坦一个人的理论。

相对论有两种，分别是1916年提出的广义相对论和1905年提出的狭义相对论。我们将在最后一章讨论广义相对论，但EPR佯谬只涉及狭义相对论，所以我们先了解一下。

狭义相对论做了两个假设：

（1）测量时，所有人的视角都是一样的；

（2）无论如何移动，光速对每个人都是相同的。

第一个假设意味着没有人可以说自己的测量是客观的。例如，你可能认为自己正坐着不动，其实并不是。你正在绕太阳运行，相较于读到这句话的时候，你的身体已经移动了90千米。你的速度取决于谁拿着速度计。在你自己看来，你的速度是0km/s，但在太阳看来，你以30km/s的速度绕着它运转。狭义相对论认为这两个答案都是有道理的，都是相对于不同的环境的。

假设你以20m/s的速度射出一支箭，你的朋友以15m/s的速度骑自行车（假设她之前被炮弹炸掉的手现在已经好了）。

你会说箭以20m/s的速度移动着，但如果问她，她会说箭射向她和自行车的速度是5m/s。你们的这两个数字都是对的，因为这两个速度同样有效。但是光速例外，对每个人来说，光速都是299,792,458m/s，无论何时何地。

你可能在学校里学过，光穿过玻璃时速度会变慢，但这有点误导人。玻璃中的原子吸收光子并重新发射光子，这一过程延长了光穿过玻璃的总时间，但光子在每个原子之间的速度仍然是299,792,458m/s。这在整个宇宙中都是不变的。

如果你发射一束光，光速为299,792,458m/s，你的朋友再一次沿着光速的方向骑自行车，假设速度是100m/s（假设她身体非常健康），你问她现在的光速是多少，她会回答说299,792,458m/s。和你一样。但这好像有点问题。如果她紧挨着光束以 100m/s 的速度骑车，她测量的速度应该比你测量的慢，就像测量箭速那样，不是吗？狭义相对论说不是。光速对每个人来说都是相同的。

即使她的移动速度达到光速的 99%，她的测量结果仍然是 299,792,458m/s。你以为她会说出不同的答案，但每一次她的答案都是相同的。

或者假设她朝着你骑车，光束与她迎面碰上。光在靠近她，难道她测量的光速不应该更快吗？爱因斯坦说，不。她看到的光速是一样的。

有一个简单的方法证明光速对每个人来说都是相同的（参阅附录Ⅲ），但如果我们现在就把它当成给定的条件，其含义就真的有些古怪了。

如果不同速度的两个人测量到相同速度的光，那么他们的参考系之间一定有什么东西被扭曲了；如果他们测量两种不同的情况，却得到了相同的结果，就一定有哪里不对。爱因斯坦说，罪魁祸首就是时间。

如果我们接受狭义相对论的两个假设，那么对移动中的两个观察者来说，时间的流速一定不同。一个人的速度越快，他的时钟就越慢，结果光的时间流动也更慢，看上去似乎光速是一样的。你的朋友骑在自行车上，她的时间更慢，因此在测量光速时，得到的结果似乎是一样的。

然而，她感受不到这种时间膨胀。如果她看着自己的表，秒针的“嘀嗒嘀嗒”（对她来说）也不会有什么差别，她脑中的所有粒子也都在体验更漫长的时间。在她看来，你才是那个时间轴被扭曲的人。她看到你在加速，就像一部快进的电影，而你们都不能说自己的时间是“正确的”，因为所有测量都有各自的依据。

听起来像编的，对吧？1971 年，理查德·基廷和约瑟夫·哈菲尔校准了两个原子钟，把它们以不同的速度分开，从而检验了狭义相对论。一个原子钟被放在商用喷气飞机里（机票是给钟先生的），环绕地球飞行了 8 圈；另一个原子钟则留在地面。

飞行结束后，哈菲尔和基廷对比了钟先生及其兄弟的读数，发现它的读数落后的时间正好与爱因斯坦预测的相符。

影响确实很微弱（钟先生只慢了几纳秒），但你的移动速度越快，衰老速度就越慢。在一定程度上如此。

时间膨胀效应不可能无限地持续下去，因为存在一个时间流逝最慢的速度——时间可以完全停止。猜猜在什么速度下时间会完全停止？答案是

299,792,458m/s。光速实际上是时间停止的速度，所以它也是万物所能达到的最快速度。

我们谈论光速，并说它是万物能够达到的最快速度，其实这并不准确。我们最好这样说：速度越快，时间越慢，直到速度达到299,792,458m/s，对你而言时间就停止了。

对光本身而言这没有什么特别之处，特别的是宇宙有一个最大速度，而光恰好以这个速度运动。时间扭曲使任何事物的速度都有限制，这使得量子纠缠不可能发生。

在狭义相对论中，两个粒子之间的传播速度不可能超过299,792,458m/s，但量子纠缠的粒子之间的信息必须做到这一点。选择上旋的粒子必须以比光还快的速度向它的伙伴发送一份公报，提醒它该坍缩了。爱因斯坦把这种现象称为“幽灵般的超距作用”。

幽灵般的猫

爱因斯坦、波多尔斯基和罗森强调了量子力学与狭义相对论的这种矛盾，而且提供了一种解决方案，那就是量子力学错了，而爱因斯坦是对的，真让人大跌眼镜。

如果被测量，纠缠的粒子必须提前决定该如何自旋。它们在从“纠缠机”（我随便给产生纠缠对的装置起了个名字）中诞生的时候就达成了协议，然后按照预定的路线飞行。

它们的对话会是这个样子：

电子：嘿，哥们，等我们穿过施特恩－格拉赫自旋探测器的时候，你上旋，我下旋，怎么样？

另一个电子：等等，为什么一定要我上旋？

电子：（叹气）你怎么总是这样？

另一个电子：我怎样了？

电子：执拗。

另一个电子：我不执拗，兄弟。我只是觉得在自旋这件事上我们应该一视同仁。

这正是爱因斯坦的观点。

在爱因斯坦的纠缠理论中，粒子并不是在被探测的时候才决定它们将是什么状态的，而是它们提前准备好了一个答案等待我们去发现，并不存在什么叠加态，只存在未知。

假设有一只红猫和一只绿猫，它们被分别放在两个盒子里，然后被送到太阳系的两端。如果我们打开其中一个盒子，可能会看到红猫，因此我们立刻就知道另一个盒子里有什么。“绿猫”这一信息通过隐喻的方式穿越宇宙，来到我们身边。这个过程并没有讳背相对论，因为确实没有什么东西经过这段距离。

量子的观点是，猫没有选择什么属性，它们随机地决定，心电感应般地交流，速度比光还快。爱因斯坦的观点是，猫的属性永远存在，我们只是在测量时才看到。

发表这篇论文以后，爱因斯坦和罗森继续密切合作着，并建立了长久的友谊。同时，波多尔斯基逐渐淡出了公众视野，尽管一些历史学家声称他在冷战时期曾是克格勃❶的间谍，有一个酷毙了的代号：量子。[3]

顺便说一句，我知道量子力学的每一个类比都涉及打开或关闭的盒子。下一次我会用不同的方法。我保证。

爱因斯坦，丧钟为你而鸣

在爱因斯坦的理论已经准备好让他理所当然

❶ 全称“苏联国家安全委员会”，是苏联的情报机构。——译注

地躺在功劳簿上时，却迎来了一位叫约翰·斯图尔特·贝尔的北爱尔兰科学家。贝尔曾在20世纪60年代打乱了量子力学的进程。他一生都是充满激情的科学家，不喜欢摆架子，不遗余力地向公众解释物理学。在设法描述EPR佯谬的过程中，他想到了一些很奇怪的东西。

贝尔的理论使他入围诺贝尔奖[4]。他改变了规则，将EPR佯谬用于实验。遗憾的是，贝尔从未获得诺贝尔奖，因为组委会还没来得及做出决定他就去世了，而诺贝尔奖原则上不颁给死者。不管怎样，他的理论活了下来。

我们把两个粒子纠缠在一起，给它们取名为“爱丽丝”和“鲍勃”，让它们分别通过房间两端的施特恩－格拉赫通道。在每一次测量中，我们都可以让通道呈纵向、横向或斜对角排列。现在，我们假设爱因斯坦是对的：两个粒子预先决定了它们将在测量时采取的自旋。

纵向通道产生上/下旋，横向通道产生左/右旋，斜对角通道产生……东北/西南旋?

粒子的横向自旋和纵向自旋是独立的，但斜对角自旋不是。粒子的横向自旋和纵向自旋将影响它在斜对角方向上的选择。

可以这样想：如果把两个探测器都纵向放置，当爱丽丝上旋的时候，鲍勃下旋的概率是 100%。然而，如果把鲍勃探测器设置成直角，我们就不知道结果会怎样了。爱丽丝会上旋，但鲍勃选择左旋或右旋的概率各 50%。

但如果把鲍勃探测器设置成 45 度角，它就处在两个极端状态之间。我们可以预测它的自旋，置信区间在 50%—100%。我们可以预测在 75% 的情况下，鲍勃会选择哪种对角自旋。

如果鲍勃粒子上旋，它的对角自旋有 75% 的可能是东北旋（即略微向上）；如果鲍勃粒子下旋，它的对角自旋有 75% 的可能是西南旋（略微向下）。

根据爱因斯坦的理论可知，爱丽丝和鲍勃早就选好了上旋还是下旋，但贝尔指出，它们更倾向于决定选用某个对角线。

我们无法同时测量粒子的对角自旋和纵向自旋（诅咒你，海森堡），但我们可以测量它们的纠缠伙伴。如果我们测量爱丽丝的纵向自旋，发现她是上旋，那么鲍勃应该采取预先决定的相反自旋（下旋），这将影响它的对角自旋；如果爱丽丝上旋，鲍勃在通过对角通道时有 75% 的可能性是西南旋。

假设我们做一百次实验。如果我们把爱丽丝探测器纵向放置，在所有爱丽丝选择上旋的情况下，鲍勃有 75% 的可能性是西南旋。反之亦然。

换句话说，如果鲍勃和爱丽丝在测量之前没有下定决心，那么实验结果将不符合 75%，我们会得到另一个数字。这个实验或许可以解答叠加态是否真的存在。

1982 年，法国物理学家阿兰·阿斯佩根据贝尔的说明成功制造了一台运行良好的纠缠机，并做了一次 EPR 实验，希望借此验证爱因斯坦的理论，并一劳永逸地推翻玻尔的哥本哈根诠释。[5]

贝尔希望实验结果与“75%”相匹配，从而证明粒子预先决定的隐藏属性，但这些数字错了，完全错了。阿兰·阿斯佩没有观察到贝尔的“75%”，这意味着爱因斯坦对 EPR 佯谬的经典的预先决定论是错误的。

粒子并不会预先决定什么。不知何故，它们的确是在被测量时才决定自己的状态的，哪怕被狭义相对论所禁止的距离分隔开。量子力学怪事连连。

这并不一定能证明粒子发送信息的速度比光还快，但说实话，没有人能确定这究竟证明了什么。

一种解释是，粒子之间的某种东西的速度比光速还快。另一种解释是，这些粒子超越了宇宙的维度，通过微小的虫洞连在一起。还有一种解释是，纠缠的粒子根本没有分开，我们认为它们分开了只是出于一种空间错觉，但实际上它们是连在一起的。

我们无法理解，但两个纠缠的粒子的确以某种方法保持通信，不管距离有多远。你对地球上一个粒子所做的事情，会立即影响它在月球的孪生兄弟，它们之间的信息传递不需要时间。对这种事情的猜测，其他人和你是一样的。我个人认为是妖怪在作祟。

第 9 章
瞬间移动、时间机器和快速转动

即时 Instagram[1]

如果地球上有两个纠缠的粒子，我们把它们发送到空间的两端，这种纠缠使它们能即时通信。我们能利用这种比光速还快的速度发送信号吗？遗憾的是，答案似乎是不能。

假设有两个未决定自旋的纠缠粒子，我们把它们密封在两个盒子里……我说过我不再用盒子作类比。那我们把它们密封在两只鸡的肚子里，一只鸡送往火星，另一只送往海王星。

我们的火星实验员打开鸡肚子，发现粒子处于上旋状态。她认为这很有趣。她马上就知道海王星上的另一名实验员在鸡肚子里看到了下旋的粒子。但她只能用普通的方法把这个结果告诉自己的朋友，此外别无选择。

我们无法通过纠缠链发送信号，因为所有纠缠

---

[1] Instagram 是一款在线图片和视频分享的社群应用软件。——译注

链都是通过粒子采取的本征态而产生联系的。我们无法控制这种本征态（它是随机的），所以我们无法控制在纠缠粒子之间发送什么信号。

如果实验员能以某种方式说服一个粒子采取上旋或下旋的状态，她就可以用一系列的鸡来编码二进制信息，而她的伙伴可以在海王星上解码这些信息，但这是不可能的。

如果不测量，叠加态就不会被影响。测量使叠加态坍缩，让你的想法全部落空。通过量子纠缠，你能知道的唯一信息是另一位科学家的实验结果。比光速还快的通信是不可能的。但瞬间移动……

传送

2017 年 7 月 4 日，一群在中国工作的物理学家公布了他们的新世界纪录：有史以来最远的瞬间移动。[1] 此前的纪录是在 2012 年创造的，当时一组研究员成功地在加那利群岛[2] 的群山之间把某个东西瞬移了 143 千米。这次的新纪录是之前的 10 倍。

这个团队由潘建伟领导，他们进行了一次量子隐形传态，起点是西藏的实验室，终点是距离地球 1,400 千米的 Micus 卫星。这是从地球到太空的瞬间移动，我体内的星舰迷❶开始亢奋起来。

1993 年，蒙特利尔大学的阿舍·佩雷斯、威廉·伍斯特和查尔斯·本内特提出了量子隐形传态。[3]我们已经知道，相对论不允许粒子速度比光速还快，但由于纠缠，关于粒子状态的信息可以绕过这个问题。

再想想爱丽丝和鲍勃。从纠缠机中诞生以后，它们被发送到我们想要相互传送的两个位置。鲍勃被送到卫星上，爱丽丝则留在地面的实验室里。我们不知道爱丽丝或鲍勃的任意一个属性（这是使它们纠缠的原因），但我们知道它们的叠加态。

现在，我们引入第三个粒子，也就是我们想要传送的粒子，我们叫她凯茜。凯茜的状态是已知的，如果我们让凯茜与爱丽丝接触，就能使她们纠缠在一起。

在这个过程中，我们必须确保不会意外地测量爱丽丝，因为测量会使爱丽丝和鲍勃之间的纠缠桥坍缩。但如果我们足够小心（使用受控非门和阿达马门❷），就可以让凯茜摆脱自己的本征态，与爱丽

❶ 指系列科幻电影《星际迷航》的粉丝。——译注

❷ 在电子电路中，“与或非门”的作用是实现电路的逻辑功能；在量子线路中，“量子门”起到类似的作用。受控非门和阿达马门是常用的量子门。——译注

丝纠缠在一起。

这相当于我们打开了爱丽丝所在的房间，当我们扶着门让凯茜进去的时候，并没有偷偷地往里看。现在，凯茜和爱丽丝处于一种叠加态，我们已经丢失了这二者的信息。但我们知道凯茜的原始状态，并且知道这种状态将由两者共享。

我们已经让爱丽丝和凯茜产生纠缠，同时并没有打破爱丽丝与鲍勃之间的纠缠，现在，哪怕鲍勃身处太空，凯茜的信息也与他共享。我们已经实现了一种三角纠缠——薛定谔肯定会赞成。

如果操作无误，我们就可以开始测量凯茜和爱丽丝的部分信息，她们的其他信息则与鲍勃的信息纠缠在一起。

假设我们测量凯茜和爱丽丝的头发颜色，但不测量眼睛的颜色。头发颜色的信息已经坍缩，但眼睛颜色的信息还有待发掘。如果现在对着鲍勃所在的卫星广播，让那里的人们测量鲍勃的眼睛颜色，很有可能鲍勃的眼睛颜色与凯茜相同。

凯茜本身并没有穿越空间，但她的部分属性已经转移了。这就好像鲍勃是一块空白画布，凯茜的图像被裁剪、粘贴到他身上一样。

佩雷斯和伍斯特把这种现象称为“量子提取”，

但贝内特坚持认为“量子隐形传态”听起来更酷[4]。他是对的。

但是，有几点限制需要明确。第一，在与爱丽丝形成叠加态之前，凯茜会坚持自己的属性。这意味着我们不能把鲍勃变成凯茜，同时保留着原来的凯茜。如果我们想要转移凯茜的属性，就必须先把这些属性剥离出来。这就是所谓的“量子不可克隆定理”，即量子信息可以传输，但不可复制。

第二，如果另一端没有检测信息的测量设备，我们就无法传输信息。在测量完凯茜和爱丽丝之后，我们仍然需要发送一个常规信号，告诉携带鲍勃粒子的人测量哪种属性。如果我们发送的信息是眼睛颜色（这一点是无法控制的），那么测量鲍勃的头发颜色是无用的，因为它已经坍缩了。

很明显，真正的量子隐形传态并不是测量眼睛的颜色，而是测量粒子的自旋和能量等。但这些性质是粒子本身的属性，所以它们可能是一样的。

如果做量子隐形传态的次数足够多，理论上我们可以把粒子的所有属性依次转移到另一个粒子上，哪怕这个粒子远在卫星。如果卫星上的粒子与地球上最初的粒子相同，这就相当于你把它传送了。

我提过量子力学的时间旅行吗

提到过一些。这是一个还在讨论的实验，叫“延迟选择量子擦除实验”，它属于霍格沃兹[1]图书馆的禁咒区，因为它腐蚀了无辜的年轻物理学家的头脑。

创造一对纠缠的粒子，把其中一个（爱丽丝）发送到简单的、另一端有屏幕的双缝设备。接着，向粒子探测器发射鲍勃。如果打开探测器，鲍勃的波函数就会坍缩；如果不打开，他将处于叠加态。

由于鲍勃与爱丽丝纠缠在一起，发生在检测器处的鲍勃身上的事情会立即影响双缝处的爱丽丝。当鲍勃靠近时，如果打开探测器，鲍勃就会坍缩，迫使爱丽丝也坍缩，她将像经典粒子一样只通过一条狭缝。然而，如果关闭探测器，鲍勃将继续处于概率波状态，而爱丽丝会同时穿过两个狭缝，直到她撞在屏幕上的某个地方，成为斑马条纹的一部分。

重复操作几百次，你会得到一个完美的结果。如果在 15% 的情况下打开鲍勃探测器，那么在 15% 的情况下，爱丽丝粒子就会以经典方式撞击屏幕，

---

[1] 霍格沃兹是英国作家 J.K. 罗琳的魔幻小说《哈利 · 波特》中的魔法学校。——译注

而另外 85% 的情况下粒子会“形成斑马条纹”。

如果把双缝放在激发爱丽丝粒子的纠缠机旁边，爱丽丝会通过它，并不得不表现出粒子性或波动性，这取决于是否探测鲍勃。但如果鲍勃探测器在一千米外呢？

想象这样一种情况，爱丽丝已经穿过双缝，而鲍勃还没有抵达探测器，且不知道是否开启了探测器。如果鲍勃被探测，爱丽丝就必须像粒子一样穿过双缝；如果鲍勃没有被探测，爱丽丝就必须像波一样穿过双缝。爱丽丝不知道是否开启了探测器，所以她不知道鲍勃是否被探测。她该怎么办？

我们延迟了爱丽丝的选择，使她在不得不坍缩的时候选择是否坍缩，因此结果发生在原因之前。像这样的机器一定很疯狂吧？1999 年，金允浩建造了一台。而爱丽丝每次都做出了正确的选择。[5] 以尼尔斯·玻尔的足球的幽灵之名，这怎么可能？

如果在 42% 的实验中设置探测器测量鲍勃，就会有 42% 的爱丽丝以粒子的形式通过。如果在 89% 的实验中设置探测器测量鲍勃，就会有 89% 的爱丽丝以粒子的形式通过。无论打开探测器的频率是多少，爱丽丝总会做出正确的回应。

这就好像爱丽丝看到了未来，知道鲍勃将通过纠缠链给她传递什么信息。纠缠信息的传播速度显然比瞬移还快。那么，我们能从未来向过去传递信息吗？

假设我们在实验中发射了三对纠缠粒子，并观察爱丽丝粒子。我们让鲍勃走很长的路径，要 24 小时才能到达。一位科学家同意在 24 小时内走到鲍勃探测器，并按照特定的模式开启或关闭，该模式与天气有关。如果天气晴朗，他就开一关一开，如果天气阴湿，他就关一开一关。

爱丽丝会以相应的模式撞击屏幕，告诉我们 24 小时后科学家将以怎样的顺序设置鲍勃探测器。这样我们就可以成功地发送溯时信号。

遗憾的是，这又是一个圈套。通过观察单个的爱丽丝粒子，我们不能判断她穿过的是一条狭缝还是两条狭缝。每个粒子都撞在屏幕上随机的位置，这既可以是经典粒子的行为，也可以是量子粒子的行为。只有观察成千上万个爱丽丝 / 鲍勃粒子对，并比较他们的百分比，我们才能观察涉及条纹的量子效应。

这意味着我们只能在实验结束后观察到时间旅行效应，而不能在实验过程中观察。爱丽丝每次做出选择的时候，我们必须擦除对她的了解，否则就看不到量子效应。这个实验因此得名：延迟选择量子擦除实验。

无论这种现象是什么，它都只是发生在盒……母鸡体内的隐喻。只有当它先发生了，我们才能看到。说实话，量子力学是一场轻浮的挑逗。

这世界本不该有意义

在哥本哈根诠释中，科学家认为，在小于“海森堡边界”的地方，量子效应占主导地位，而大于“海森堡边界”的地方由经典物理接管。任何小于海森堡边界的东西都遵循薛定谔方程，而大于海森堡边界的东西则服从牛顿定律。这是一种物理学的表述，意思是“我们不知道将发生什么”。

问题在于，由于纠缠，海森堡边界不可能真的存在。如果你开始把量子力学应用到单个粒子上，就能很轻松地把它应用在两个、三个、四个或任意多个粒子上。量子纠缠可以将任意数量的粒子连接在一起，因此可以描述整个人类、所有种群和全部行星的薛定谔波函数。

长期以来我们本该看到了量子的疯狂，但显然我们没有。这是我们之前遇到的五大问题之一，也是近年来我们取得不错进展的问题之一。

想象测量一对纠缠粒子的自旋，比如说其中一个是上旋，它的纠缠伙伴会立即变成下旋，两者不再相互联系。它们不再由相同的波函数控制，所以纠缠态被打破了，我们可以把它们描述成独立本征态。

现在想一下测量行为本身。我们在测量一个粒子时，所发生的事情是该粒子与探测器中的一个粒子发生纠缠，同时切断了与之前相互纠缠的粒子的联系。

测量纠缠对中的一个粒子就是用一组纠缠替换另一组纠缠，这意味着测量某物就相当于与某物纠缠，即使我们测量的是单个粒子。

如果在测量之前单个粒子处于上 / 下旋叠加态，这相当于它与自身纠缠。它有两个可能的结果，这两个结果是通过相同的波函数联系起来的。当我们测量的时候，这种自我纠缠被打破了。

薛定谔的猫活着 / 死了

抛硬币的时候，我们认为有两种结果：正面或反面。但严格来说，还有第三种可能：硬币可能竖着，即在旋转时突然停下来。

现在想象当硬币旋转的时候，慢慢地用手指接近它。在你摸到它的那一刻，硬币会坍缩到一侧或另一侧，结束危险的舞蹈。硬币的两面代表有两种可能状态的粒子，旋转代表一种叠加态，我们的手指相当于测量仪器，它使波函数坍缩。

到目前为止，哥本哈根诠释就是这样的。但这个类比是有缺陷的。触摸硬币的手指并不是不同类型的物体，而是一种由粒子组成的探测器，遵循与硬币相同的量子定律。因此，我们不应该用手指，而应该把探测器想象成另外一枚硬币在桌面上旋转，同时靠近我们感兴趣的那枚硬币。探测器和粒子处在一种叠加态中，相遇的时候，它们撞在一起，坍缩成一种本征态。

如果让旋转的速度恰到好处，理论上来说这些硬币会与它的旋转舞伴（一个纠缠对）紧密配合，并保持叠加态。对真正的硬币来说，这种情况不会经常发生；但对于粒子而言，这不过是家常便饭——只要波函数达成一致。

想象一下让 100 枚硬币一起旋转，形成一个巨大的纠缠，这是非常困难的事情。即使你做到了，这种布置也是非常不稳定的。其中的一枚淘气硬币或者外来的一枚硬币都会使一切坍缩。因此，相互作用的粒子越多，就越难形成叠加态。

多少个粒子会使系统突然成为经典系统？不存

在特定的数字。经典物体有太多的粒子，几乎不可能让它们同时处在协调的位置。经典世界的存在是因为叠加态是不稳定的，但没有哪条定律规定，我们不可以让一个大物体处于叠加态。

一只猫可能有数万亿个粒子，如果每个粒子都非常同步地纠缠在一起，叠加态就可以适用于整只猫。然而，你不可能看到这种情况，因为空气中的一个分子就可以把整件事情搞砸。

薛定谔认为猫不可能既死又活，因为在形而上学中这是不可能的。他是对的，但理由错了。盒子里的放射性粒子可以处于叠加态，但一旦它与更大的物体接触，就会变得越来越不可能保持叠加态。

如果我们设法让猫体内的每一个粒子都完全一致并完美纠缠，那么一旦猫与盒子发生相互作用，死/活的叠加态就会消散。让猫既死又活的唯一方法是把它与周围环境分隔开。2014 年 8 月，物理学家阿龙·奥康奈尔就是这样做的。

宏量子

奥康奈尔实验中的“猫”实际上是一块跳水板形状的金属，宽 60 微米，大致相当于人类头发的直径。为了防止内部粒子相互作用而产生不协调，奥康奈尔将金属板悬浮在微型游泳池上方，整个系统被放在盒子里，冷却到绝对零度[1]以上几摄氏度。材料中的任何随机振动都可能使一切坍缩，但如果所有粒子都处在低温下，整个物体就相当于一个大粒子。

接着，把金属板连接到盒子外面的电路上，通过测量电路的电流，奥康奈尔就可以在不打开盒子的情况下观察金属板的行为。在这种低温状态下，奥康奈尔打开机器，吸出所有的空气，防止空气与金属板发生纠缠。量子魔法随即发生。

金属板的振动既轻柔又强烈，粒子的移动既剧烈又温和，这意味着每隔几纳秒，原子就会同时出现在两个地方，既接近平衡位置，又远离平衡位置。奥康奈尔建立了世界上第一台量子机器。

2018 年 5 月，迈克尔 · 范纳创建了一个量子鼓，扩大了实验的规模。量子鼓可以同时振动和静止。在实验中，将一层 1.7 毫米的薄膜（大约一粒沙子的厚度）放置在光子的路径上，光子可以选择是否撞击薄膜。在叠加状态下，撞击和不撞击同时发生，

[1] 绝对零度，即 -273.15℃，接近这个温度时，粒子的运动会接近停止。——译注

这意味着：当鼓吸收光子的动量时，它会振动；当光子选择节奏较慢的路径时，鼓会静止。

这种振动非常微弱，实际上每秒只有几个光子撞击鼓面，所以肉眼是看不见的。但范纳的灵敏仪器能够探测到沿两条路径移动的光子，这意味着鼓同时振动和静止。范纳的实验是在室温下进行的，因此更引人注目。

然而，人类观察到的最宏大的量子现象发生在几年前。2017 年，由大卫 · 利兹领导的一个团队用绿硫细菌标本做实验，把激光照射在装有细菌标本的反光镜箱里，希望以此影响光合细胞中的电子。

他们没有意识到，激光中的光子与细菌中的电子产生纠缠，使细菌和光束形成叠加态。第二年，基娅拉 · 马莱托指出了这一点[6]。这是可能的，因为盒子里充满了光，细菌无法与其他东西相互作用，这意味着它们与激光的纠缠链可以维持相当长的时间。量子现象显然可以应用于生物。

我们生活在物理学的奇妙时代，即将发生的事情是前所未有的。人们一直认为量子力学局限在非常小的世界，局限在微观世界，局限在蚁人的世界。但在过去的几年里，我们开始把量子规则应用到日常的宏观世界中去。宏量子时代已经到来。

第 10 章　量子力学证明我是蝙蝠侠

解构薛定谔的猫

哥本哈根耸耸肩，说："就是这么回事。"当我们试图理解量子力学时，最大的问题总是：我们能做得更好吗?

大多数物理教科书讲授哥本哈根诠释是因为玻尔是个非常重要的人物，几十年来，他的解释是唯一的解释。但如今，哥本哈根诠释并不是最好的。

很明显，我们迟早要放弃经典物理的想法，任何对量子力学的解释都会涉及一些非常怪异的东西，但在哥本哈根的圣徒日之后，一种大杂烩式的替代方法诞生了。

很难确定这样一本书应该包含哪种量子诠释，事实上，所有这些诠释可以填满一座图书馆。但我决定跟着感觉走，讨论三个由科幻爱好者发明的量子视角，以拓展早期物理学巨人的工作。

忘掉我之前说的话

1927 年，路易·德布罗意在布鲁塞尔的第五次索尔维会议上发表了演讲。索尔维会议是比利时实业家欧内斯特·索尔维组织的物理学聚会。索尔维在 19 世纪 60 年代发明了一种制造碳酸钠（生产玻璃的关键原料）的工业方法，赚了数百万美元。

索尔维把他的聚会想象成了科学家的夏令营。他把全世界最聪明的人聚集在一栋大楼里，让他们花一整月讨论宏大问题。聚会中有讲座，还会组织辩论，如果仍然无法达成一致，就给他们分发尖木棒。

1911 年的第一次索尔维会议主题是普朗克和爱因斯坦的量子论；第二次索尔维会议（1913 年）的主题是“物质的结构”；第三次索尔维会议（1921 年）的主题是“原子与电子”；第四次索尔维会议（1924 年）的主题是“电”；第五次索尔维会议讨论的是哥本哈根诠释，以及这一诠释是否应该永远占据统治地位。参与这一次传奇事件的有薛定谔、海森堡、索末菲、德布罗意、玻尔、玻恩、普朗克、居里夫人、爱因斯坦等。

在一张标志性的照片上，所有出席会议的科学家都坐在露天看台上，这是迄今为止最奇怪的年鉴照片。居里夫人是唯一的女性。薛定谔是唯一戴领结的人。化学家彼得·德拜是唯一留着卓别林式小胡子的人，这种胡子在接下来的十年里不再流行（原因显而易见）。

在这次会议上，语调温和、态度友善的路易·德布罗意提出了他认为可行的替代哥本哈根诠释的方案。他认为引入波粒二象性是一个错误，电子和光子仅仅只是粒子。它们没有波的特性，而是被一些有波动性的背景物质包围着。无形的“导波”把这些粒子推来推去，因此使它们看上去像在沿着类似于波的轨迹运动。

据说，当德布罗意概述自己的想法时，性急的沃尔夫冈·泡利就大声地质问起来。泡利在这方面有个很坏的名声，如果他觉得演讲不合格，就会打断演讲者。泡利是一位杰出的物理学家（他发展了纠缠理论，我们在前两章解释了），但他也非常令人生畏，而德布罗意则基本上是个好好先生。

德布罗意不卑不亢地接受了泡利的打断，承认自己的假设有缺陷，但讲座结束后，人们更关心泡利的质疑，而不是德布罗意的回答。导波的想法也随之被搁浅。

直到1952年，核物理学家戴维·玻姆把这个想法打捞起来。玻姆小时候通过科幻杂志发现了自己对科学的热爱[1]，并在“二战”期间参与了曼哈顿计划。

成年以后，玻姆大部分时间是哥本哈根诠释的支持者，但在爱因斯坦的诱劝下，他开始觉得哥本哈根诠释需要太多的神迹，因此转向了德布罗意的导波理论。

导波理论甚至似乎有一些很好的实验证据。如果像托马斯·杨那样向一个双缝发送水波，显然也能得到干涉条纹。如果你把小物体（如油滴）放在水波表面，它就会像风暴中的船只一样乘风破浪，最终走到远端的斑马条纹上。油滴仍然是粒子，但它的目的地是由导波决定的。

玻姆面临的挑战是，这个系统意味着电子每次都应该遵循相同的路径，但在真正的量子实验中，电子似乎随机地出现在任意一条斑马条纹上。为了解决这个问题，玻姆提出，当电子从发射器中激发出去时，它的内部有隐藏的变量——我们无法探测到这种微小的能量变化，但这导致了双缝中的不同路径。

在数学上，玻姆的量子观点增加了额外的复杂性，因为你必须讨论这些导波的值（量子势），这要求在薛定谔方程的基础上建立更多的方程。但在新增项中，玻姆的观点确实回答了为什么探测决定粒子的属性——位置和自旋等属性取决于导波，而非粒子本身。这就是为什么粒子有时候看起来没有属性。它们确实没有，这些属性来自导波。

玻姆，亲爱的玻姆

根据德布罗意－玻姆的观点，量子行为并不是随机的，因为在理论上，我们可以用经典物理来解释双缝实验。2010 年，伊夫·库德做了个实验，声称能准确地证明这一点。

库德在水箱里做双缝实验，他把小油滴滴在水面上，看它们会如何运动。油滴代表粒子，水中的涟漪代表导波。

库德报告说，油滴沿着水波的轨迹，在另一端成簇地聚集，就像光子和电子一样。[2] 有没有可能粒子是有位置的，它们只是像经典物体一样骑在导波上？

这是个令人兴奋的结论，似乎最终推翻了哥本哈根诠释。但它太妙了，令人难以置信。尼尔斯·玻尔的孙子托马斯·玻尔以及物理学家约翰·布什进一步做了研究，却没有得到相同的结果，[3] 他们得出的结论是，库德在实验中有几处无心之过。

如果你尝试用真实粒子在真实波上重现双缝实

验，只会得到经典的结果，而得不到斑马条纹，除非导波是一种非经典形式的特殊波，否则我们无法用玻姆力学来解释双缝实验。当然，不排除这种答案，但我们所能做的就是把异样的目光从粒子身上移开，转投到我们永远观察不到的导波身上。

握手

接下来我们要讲“交易诠释”。交易诠释把哥本哈根诠释当成抹布，并强调常识；它非常酷，因此值得一看。

这一次，原始想法来自理查德·费曼，他指出，在量子层面上，物理学的前进和后退是等效的。向左移动的粒子也就是反向向右的粒子，这两个过程是相同的。粒子对于时间的流向没有偏好。激发光子的电子可以看成是反向吸收光子的电子。这两者是等效的。

50 年后，物理学教授兼科幻作家约翰·克拉默决定采纳费曼的说法，并更进一步。我想，也可以说是更退一步。

粒子的行为可以被描述成波函数，但记住，它必须取平方才能得到答案。克拉默想知道，我们之所以需要两个完全相同的波函数，是不是因为真的存在两个波函数？但我们只看到了一个，是不是因为它的伙伴在时间上是后退的？

假设我们的粒子到达一个双缝，它的正常波函数（遗憾的是，在学术中它叫“推迟波”）在时间上是前进的，我们可以确定它的路径。但与此同时，探测屏中的粒子正在从未来向我们的粒子发射后退的波函数（“超前波”）。无论未来的哪个粒子恰好发出最强的溯时信号，我们的粒子都会与之相互作用。

克拉默把它想象成商业交易。粒子发出要约，探测器完成确认，接近狭缝的粒子和探测器中的粒子使波函数同步——他称之为“量子握手”，这将导致过去、现在与未来之间的纠缠。

延迟选择量子擦除实验，也就是爱丽丝知道鲍勃将在未来做什么的古怪实验，现在突然变得容易解释了。粒子可以判断它在未来是否会被探测到，因为它收到了来自未来的信息，未来的信息告诉它怎么做。

有趣的是，克拉默说，他并不认为交易诠释摆脱了人类的自由意志。[4]他用超市里买东西的信用卡作类比。信用卡发出要约，银行完成确认，但你自己决定要买什么。

然而，你可以做一番对比。你认为是自己选择买杏仁奶，但实际上你收到了来自未来的信号，那个信号告诉你应该买什么。也许那些你认为是自己做出的决定，都是未来事件的结果，它将引导你在当前的生活中做出选择。你之所以购买本书，是出于自己的选择，还是受到了本章的影响？哇呜（恐怖的叫声）！

我将永远爱休

就在戴维·玻姆发表导波理论的同一年，埃尔温·薛定谔在都柏林做了一次演讲，主题是他为什么仍然不接受哥本哈根诠释。薛定谔解释说，尽管听起来很疯狂，但他的方程从来没有打算描述粒子在测量时才选择某种属性的情况。[5]

在叠加态中，同一个粒子拥有两套属性，这是已知的。但为什么要认为在测量时必须抛弃其中一种属性呢？薛定谔方程并没有提到这一点。事实上，如果我们从字面上理解薛定谔方程（这似乎总是有效的），它会告诉我们，在测量之后，两种结果仍然存在，即使出于某种原因我们看不到其中一种也一样。

薛定谔方程非常顺利地描述了事物逐渐演化的过程，但当粒子与探测器相互作用的时候，玻尔坚持我们应该突然转变物理学，开始使用粗糙的粒子方程。为什么要这样呢？

如果我们相信薛定谔方程，那它并没有说这种话。所有的结果都会发生，没有所谓的波函数“坍缩”。当我们测量到一个粒子上旋时，它的下旋态仍然存在，我们只需要找到它的藏身之处。休·埃弗莱特三世出场了。

埃弗莱特是一位烟瘾很大的科幻小说迷，拥有化学学士学位和数学硕士学位，他决定第三个学位要获得物理学博士学位。在约翰·阿奇博尔德·惠勒的监督下，埃弗莱特试图提出一个不涉及概率的量子力学新版本。

哥本哈根学派的每一个人都迷恋随机性，但惠勒想要给予反击，他把挑战交给了他最聪明的学生，而且结果没有让他失望。埃弗莱特给出的答案不仅消除了随机性，还解决了测量的问题。

我们在实验中测量一个粒子，它所有可能的结果都实现了。我们观察到的那个结果被记在实验里，但其他可能的结果仍然存在。它们存在于不同的世界。

埃弗莱特认为，量子力学的主要难题是叠加态，所以他消除了这个想法，把叠加的属性转换成叠加的现实。当我们提供给粒子一种选择时，宇宙就分裂了。每个粒子都存在不同的平行粒子，这些粒子平等地接受每一种选择。

叠加态不是一个粒子以自相矛盾的形式存在，而是整个宇宙像描图纸上的图像一样彼此重叠。

只要粒子不与所在的环境过度纠缠，那么所有涉及量子实验的宇宙都将保持联系，可一旦纠缠发生（比如说与探测器屏幕发生纠缠），它们就会分崩离析，变成各自独立的现实。

一个粒子在我们的宇宙中通过左侧的狭缝，在另一个宇宙中通过右侧的狭缝。这两种结果仍然混合在一起，在半空中形成干涉条纹，但当粒子到达探测器屏幕的时候，所有粒子都在不同的地方撞击屏幕——都在各自的世界里。

当你用“摄像头”测量狭缝的时候，并没有真的找到粒子选择的狭缝，而是找到了你所在的世界。当你测量到粒子通过左侧狭缝时，平行世界的你也测量到它通过右侧狭缝。这就是所谓的“多世界诠释”。在埃弗莱特看来，我们不再需要处理概率和测量。我们只需要承认，我们看到的只是庞大宇宙蛋糕的一小块。

想象一下，在40%的平行世界中，有一个粒子注定要成为斑马条纹的中心条纹。从逻辑上讲，你有40%的机会处在这些世界中的一个世界里，但实验开始的时候，你并不知道自己在哪里。你只能说，粒子撞击屏幕中心的概率是40%。

电子不是随机决定要去哪里的。平行时空的电子在同一时间四处遨游，但由于我们只能看到选项中的一页，所以看上去结果是不可预测的。这比哥本哈根诠释优雅得多，因为我们不需要毫无理由地放弃一半的答案。我们只需承认，它发生在另一个层面的现实里。

猫终于活了

最后终于有了好消息！当你的猫处于死/活叠加态时，意味着它在平行世界里死去和活着。当你打开盒子，碰巧发现一只煮熟的小猫，不必难过，因为另一个世界的你会发现它正健康快乐地活着。

多世界诠释也解释了EPR佯谬，使狭义相对论不会失去光彩。正如爱因斯坦相信的那样，当一对纠缠粒子被送到太阳系的两端时，它们的性质已经预先决定了，但存在着两个世界，这两个世界有相反的结果。

在其中一个世界，爱丽丝上旋而鲍勃下旋，但在另一个世界，鲍勃上旋而爱丽丝下旋。在测量之前，我们不知道身处哪个世界，所以我们认为结果是随机的——那仅仅是因为我们还没有解码自己的世界。当我们开始测量，并发现自己身处“爱丽丝上旋”的世界，这两个世界就分裂了，那个“爱丽丝下旋而鲍勃上旋”的世界被带到了多重世界的某个地方。

没有人知道分裂是如何发生的，但似乎每次粒子面临选择时，分裂就会发生。在埃弗莱特看来，关键不在于测量，而在于选择。

现在，当你坐着阅读这本书的时候，你体内的粒子正在面临选择：究竟要以何种方式围绕原子核振动。在某个世界它们选择某种方向，在另一个世界它们选择相反的方向。如果考虑现在宇宙中有多少个粒子，它们存在了多长时间，所能做出的选择就会非常多，我们甚至不可能给每个世界都起名字。

就在此刻，每一纳秒你体内就有数万亿个世界彼此分离，也有数万亿个世界从此消散。平行现实的数量如此之多，以至于没有人会试图计算今天有多少个世界。这就把我们带到了……

本书最重要的部分

多年来，理查德·费曼和斯蒂芬·霍金等名人都公开支持埃弗莱特的多世界诠释[6]，可当把它向大众披露时，埃弗莱特却遭到了无情的嘲讽。他选择放弃一切，转而为五角大楼的情报部门工作。

当埃弗莱特死的时候，他坚持要把自己的骨灰扔进垃圾桶，因为他已经完全不在乎[7]，而且，即使他在这个世界死去，还会在其他许多世界里活着。

我们可以这样说，由于每一种路径至少在一个现实中被选择，所以不同的思考过程和不同的事件都在不同的世界发生，每一个平行世界都有自己的历史。你能想象到的任何事情都可能发生在某个地方。

当然，物理定律仍然适用。没有一个世界里人类的皮肤是用云做的，也没有一个世界里青蛙听到口哨声会发光。但只要你坚持标准规则，那么每件事情都会至少在某处发生。

在其他世界中，美国没有赢得独立战争，柏林墙依然屹立，“奥斯蒙德兄弟”❶在《疯狂的马》之后没有转向唱甜美的情歌，而是继续沉迷于摇滚。最重要的是，在遥远的多重现实里，存在这样一个世界，我，蒂姆·詹姆斯，就是蝙蝠侠。

---

❶ 奥斯蒙德兄弟（the Osmonds），20 世纪 70 年代的美国家庭乐队。——译注

决定，决定

辩论开始了。在撰写本书的时候，还没有一种实验能证明量子力学的哪一种诠释更好，因此它们都没有资格把自己当成权威。

在 20 世纪的大部分时间里，哥本哈根诠释是大份的玉米粉蒸肉，至今仍然是最受欢迎的，但它也是最令人恼火的，因为它需要你添加一些额外的东西，并在一些事情中加入你的信仰。

德布罗意－玻姆诠释在数学上是最复杂的，迫使我们接受隐秘的振动和导波，但如果是真的，它就带来了对测量问题的经典解释，足以被圈内人接受。

交易诠释在所有诠释中是独一无二的，因为它能解释为什么薛定谔方程需要两个波函数，但它无法预测在某个宇宙中我会成为蝙蝠侠，仅仅因此我们就可以拒绝它。

多世界诠释不需要在方程中添加新的东西（只需要添加新的宇宙），它是目前为止最优雅的诠释，但所有的存在都可以不断分裂成平行的版本，这个想法是不是太过了？

目前，仍无法确定哪种诠释是正确的。这些假设同样有效，所以选择哪一个仅仅是偏好的问题，但这并不意味着我们不能这样做。

2013年，马克西米利安·施洛斯豪尔询问了33名量子物理学家，看他们更喜欢哪种诠释[8]。14个人选择哥本哈根诠释，6个人选择多世界诠释（至少在这个世界他们是这样选的，在别的世界他们有别的选择），没有人选择交易诠释或德布罗意－玻姆诠释，少数人选择了我们没有提到的选项。

有4个人没有回答，也许他们是这群人中最纯粹的科学家。毕竟，对于一个没有任何证据的问题，最诚实的回答应该是“我不知道”。

正如艾萨克·阿西莫夫曾经指出的，人类不仅是智力动物，也是情感动物[9]，只要我们不信誓旦旦地认为自己的选择绝对正确，那么拥有最喜欢的东西就没有害处。所以，挑一个最烧脑的解释，然后坚持下去。

第 11 章　走入歧途

问一个很难的问题

到目前为止，本书都在随意地使用“粒子”这个词。现在是时候确定下来了。如果想认真地讨论粒子物理，就需要确定我们谈论的“粒子”究竟是什么。

物理学家给粒子下的最简单的定义是：“稳定而不自发分裂的东西。”从这个意义上讲，你的身体就是一个巨大的粒子，因为你的手臂（通常）不会随机地分裂，所以你符合这个定义。

当然，你的身体是一种复合粒子，因为人体倾向于保持稳定，但也可以分解成更小的粒子——器官，器官也很稳定。器官可以分解成叫作“细胞”的粒子，而细胞又可以进一步分解成分子和原子。原子由质子、中子和电子组成。

据我们所知，电子不能继续分解成更小的物质。电子不是由“亚电子粒子”构成的，却能保持稳定。电子不同于原子、分子和细胞，它是一种非常特殊的粒子。它没有亚结构，因此是真正的基本粒子。

了不起的法拉第先生

基本粒子的故事起源于19世纪初，当时最伟大的科学表演者迈克尔·法拉第开启了它。法拉第生长在贫穷的铁匠家庭，但他相信科学属于任何对它感到好奇的人。为此，法拉第开始在英国皇家研究所发表关于科学的公开演讲，他讲的化学反应和物理现象给听众留下了深刻的印象。正是在这些演讲中，他最早揭示了对磁的发现。磁是一种独特的力。

磁可以穿越真空，可以吸引或排斥其他磁体，而不需要中间任何东西传递信号。磁力也可以穿过实体屏障，这是很特殊的，因为其他力都必须通过推拉与物体直接接触[1]。

今天我们生活在手机和Wi-Fi（无线网络）被普及的世界里，所以磁似乎没什么了不起的，但在19世纪初，不通过接触就能影响事物，这种概念无异于巫术。为了解释磁铁的工作原理，法拉第让人们把磁想象成由“场”构成，而不是由物质构成的。

每个磁体都会在周围的几何空间里产生无形的畸变，而其他磁体可以锁定这种畸变。这些畸变的空间决定了穿过其中的粒子的行为，但这种畸变本

---

[1] 事实上，引力也不需要直接接触。——译注

身不是由物质构成的。

也就是说，场是一种非物质、类流体的结构，它告诉其中的粒子如何运动。某一处的场可能比其他地方更强，但你无法直接看到它，只能看到它的影响。

这个想法真让人眉头一紧，因为我们已经熟知一种物体由其他物体构成。一种不由物质构成的东西很难让人接受，但场似乎就是这样。这样看来，真空并非没有属性。

这让我想起一个笑话：你听说过获得诺贝尔奖的稻草人吗？他在自己的领域里出类拔萃。❶

我不准备为这个笑话道歉，就像迈克尔·法拉第也不会因为在物理学中引入“场”而道歉。如果没有场，我们就无法解释磁、电荷或引力。更重要的是，场使我们能相互通信。

一个场还是两个场，牧师？

如果你拿一块磁铁上下摆动，会在磁场中创造一个垂直的波，但你创造的东西并不是只有这些。

---

❶ 原文是“He was out-standing in his field”，也可以解释为“它站在田野里”。在英文中，“field”既有“领域”的意思，也有“田野”的意思。——译注

法拉第发现，你的这一举动同时还在电场中产生了一个扰动，与原来的磁扰动呈直角。

然而，该电场的波动也会对磁场产生反作用。磁场又会再次振动，从而扰动电场。接下来，电场会继续投桃报李，不断地搅动磁场。

最开始你在磁场中创造了波。当电场与磁场一起振动并相互干扰的时候，波也随之传播。

我们把这些波叫作“电磁波”，在示意图中用起伏的曲线表示。电场与磁场的指向呈 90 度角，如下图所示（电场是纵轴 E 上的波，磁场是横轴 M 上的波）。

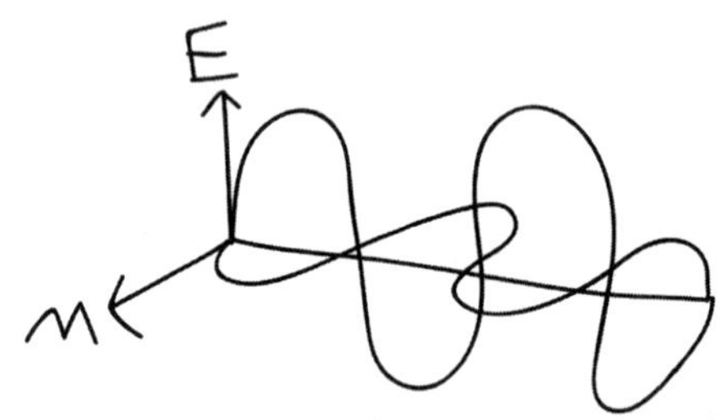

把磁场和电场分开似乎不可能，因为当其中一个场振动时，另一个也会振动。所以有时候我们会把它们统称为“电磁场”，而不是相互关联的两个场。

你可以想象，用于描述这些交叠场的数学方法极其复杂。空间中的每一个点都需要被赋值，这些值告诉我们该点将如何影响入射的粒子。

我们可以想象场中的每个点上都有一个微小的箭头（即“矢量”），它指向粒子被推的方向。我们必须考虑电场矢量和与之成直角的磁场矢量，它们都会影响入射粒子的运动。

现在想象一下，当你移动一个磁体，在电磁场中产生了一个波，会发生什么？追踪无穷多个箭头，每个箭头的方向和大小都在改变，并且会旋转90度。这不是简单的任务，尤其是对法拉第来说，他根本没有在学校里学过数学，除了分数，他什么都不会。

当人们开始对场论提出质疑的时候，年轻的苏格兰物理学家詹姆斯·克拉克·麦克斯韦挺身而出，帮助法拉第计算出场论所需要的数学公式。

麦克斯韦方程有助于精确地预测电场和磁场的相互作用，而且方程与数据吻合。法拉第对场的感情终于得到了回报，坦白说，这只是时间问题。

麦克斯韦方程也做出了一个惊人的预测。它证明电磁波以极特殊的速度在空间中传播：299,792,458 m/s。看起来很熟悉吗？当然，它就是光速。

光彩夺目

1864年某个周六的晚上（准确地说是4月11日），

法拉第陪着他的朋友查尔斯·惠斯通去了皇家研究所的演讲厅。本来惠斯通要做一个公开演讲，但他突然恐慌起来，撇下法拉第独自跑出了大楼。为了不让听众失望，法拉第决定即兴演讲，阐述了他最近一直在思考的一个想法。[1]

法拉第推测，粒子在物体内部舞蹈时，会产生电磁波，并向空间中传播，直到电磁波被我们的眼球截获，告知我们粒子的存在。

麦克斯韦方程与光速测量值太吻合了，这绝不是简单的巧合。法拉第的猜测显然是对的。电磁场就是产生光波（勒内·笛卡尔和托马斯·杨都论证过）的介质。

如果振动一个电子（带电、有磁性的粒子），我们就能创造一个以光速向外传播的波。然而我们看不到它，因为对人眼来说，光束的能量太低了，但无线电天线可能会接收到它。

如果我们以每秒数百万次的频率振动电子，就可以看到电磁畸变，电子会依次发出红光、橙光、黄光、绿光、蓝光、靛蓝光，最后是紫光。

如果振动得再快一点，波的能量就会变得非常大，以至于再一次隐形，它会绕过我们的眼睛，就像尖厉的狗吠声会绕过我们的耳朵。再继续，电子还能发射出紫外线和X射线。

从本质上来说，手机、广播发射机、Wi-Fi集线器、蓝牙发射器、微波炉、红外遥控器和X射线扫描仪等设备都是手电筒。它们的发光频率（一种测量波函数振荡快慢的方法）可能太高或者太低，以至于我们的眼睛看不到，但所有的电磁波都是一样的。

从概念上讲，穿过玻璃的手电筒光束和穿过人类皮肤的X射线没有区别。波的能量和材料的电子壳层之间的间隙决定了波被反射还是通过。这两个例子的原理是一样的。

电磁波是有颜色的，人眼只能看到其中的一小部分。法拉第让我们知道自己有多么盲目。我们在夜晚看到的星星不只发出可见光，还发出无线电、微波、红外线、紫外线、X射线和γ射线。

我们在夜晚能看到星星，这一事实也告诉我们，太空和地球一样存在电磁场，否则就没有传播能量的介质。电磁场布满宇宙的每一个角落。你现在就身处其中。

你的眼睛能看到这一页的文字，是因为这一页的电子在能级之间跳跃，扰动了周围的电磁场，这些电磁扰动通过电磁场射向你的脸，最终到达眼球。接下来，视网膜后部的电子吸收了这些电磁扰动，通过视神经把电流输送到大脑。从字面上理解，电磁场中的振动是你唯一见过的事物。

冰激凌和床单

我们谈到了场的波动，到目前为止这都是经典物理的内容。但我们知道，多亏了普朗克和爱因斯坦，光能被分割成一块一块的光子。因此，在20世纪20年代末，退隐的英国物理学家保罗·狄拉克决定发明一个术语“量子场论”，来解释电磁场。

在一个人死后去追溯他的心理倾向是很不明智的，但保罗·狄拉克很可能有自闭症。他不在意社交中的寒暄，也不渴求声望和魅力，他只从字面上理解人们的话。他非常缄默，以至于他的学生开玩笑地发明了“狄拉克单位”这个词，指每小时说一个词的讲话速度。[2]

我还要讲另一个笑话。你听说过神奇拖拉机吗？它沿着路走，变成了田野❶。

这个笑话（勉强）说得通，因为拖拉机变成田野的想法是荒谬的。拖拉机这样的庞然大物不可能

---

❶ “field”在英语里既可以解释成“田野”，也可以解释成“场”。——译注

变成平坦的田野，因为物质和场是不同的东西，它们不可能相互转换。但在量子场论中，我们正是这样做的。

光子是一种粒子（它是稳定的），但由于它具有波动性（波是背景介质中的一种振荡），因此必然有一种场是随着光子振动而产生的。

在经典物理中，我们认为电磁场上下起伏；但在量子力学中，我们认为能量是场中的孤立光点，就像心脏监护仪上的峰值。

对宇宙来说，电磁场是一个平静的背景，但如果特定的区域受到扰动，该区域就会聚集起来，形成一个集中了能量的扭曲的小结。这种场扰动而产生的能量包就是“电磁场的量子”，是背景中的一个方块，是一个光子。

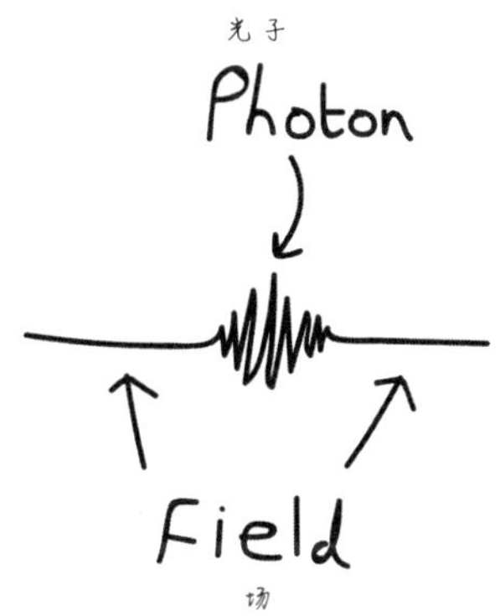

在三维空间中绘制场量子是很困难的，因此大多数图表都把场想象成平面，粒子从场中出现。如上图所示。

一个有用的方法是，想象一张铺在床垫上的平滑床单。如果我们拔起床单上的一点，就可以创造出一个微型织物山，它代表场量子。如果你愿意，床单就是粒子。

这些场量子（粒子）可以从一个点转移到下一个点，给人一种穿越真空的感觉。我们只需要记住，真实的场其实是三维的，它在各个方向上围绕着我们，并且电子从三维场中被激发出来。

有时我会把场想象成从桶里挖一勺冰激凌。在我们挖之前，冰激凌平面是未受干扰的电磁场，当我们从中挖出小球的时候，就相当于我们在实验中探测到了光子。

实际上，我们应该开始把“电磁场”叫作“光子场”，但你知道物理学家有多么喜欢过时的术语（比如“自旋”）。

你不是由粒子构成的

保罗·狄拉克从数学上解释了我们如何从光子场/电磁场中提取光子，并证明了由于所有粒子都具有波动性，所有粒子都可以看成是自己场中的量子。[3]

电子场布满宇宙的每一个角落，与电磁场重叠在一起。当电子场受到扰动时，就会有一个电子被激发出来。所有的粒子，包括你体内的粒子，都是由看不见的场所激发的振动。

组成你的粒子和围绕着你的真空是同一种东西。能量飘浮在由虚无构成的场中，你就是其中的一团能量包。也许这个事实令你不安，也许你认为它浪漫缤纷，这完全取决于你。

第 12 章　直线和波浪线

主宰一切的理论

保罗·狄拉克希望量子场论有一天能够解释所有可能的物理现象。所有粒子都被看成场中的量子，场之间的相互作用可以解释粒子之间的相互作用。这个想法可能会改变物理学的游戏规则。但遗憾的是，它太复杂了，只变成了少数人的游戏。

量子场论的数学基础非常复杂，近乎疯狂。克雷数学研究所甚至提供 100 万美元的奖金，征求量子场论中一个难题的解决方案（即“杨 - 米尔斯存在性与质量间隙”，如果你想在本周末尝试的话）。

为了在如此棘手的问题上取得进展，狄拉克建议我们先从小处着手，只考虑两个最简单的粒子 / 场：电子和光子。他把电子和光子之间的相互作用称为“量子电动力学”，简称 QED。他希望在得到完整的 QED 理论之后，再以此为起点加入其他粒子。

在 1930 年出版的《量子力学原理》（*The Principles of Quantum Mechanics*）一书的末尾，狄拉克总结道：“似乎我们需要一些新奇的物理概念。”这个表述非常轻描淡写，但考虑到狄拉克本人沉默寡言的性格，也就不足为奇了。

狄拉克的话像是微风中的挑战，温和地飘进了物理界，最终在一个与他完全相反的人的脑海中留下了烙印。这个人就是科学中最富魅力、最浓墨重彩的老顽童：理查德·菲利普斯·费曼。

小鼓手

费曼出生在纽约，父亲是制服推销员。在第一次接触物理时，费曼就展露出了极高的天赋。官方公布他的智商是 123（合理，但不惊人），当他成年时，费曼被认为是地球上最有天赋的科学家，甚至可以与爱因斯坦相提并论。

下面这个故事可以让你知道费曼有多聪明。1958 年 NASA 发射探索者 2 号卫星时，卫星在升空过程中出了故障，没有进入轨道。费曼与 NASA 的工程师打赌，说自己可以比电脑更快计算出卫星着陆的位置。他不仅赢了，还给出了更精确的答案。精确程度是电脑的两倍。[1]

被邀请参加派对的时候，费曼永远是灵魂人物。他用撬保险柜戏法、表演小手鼓和抛接球逗朋友开心。费曼会在周末的演讲场地里为自己铺红毯，空闲时会在酒吧里闲逛。他在餐巾纸上计算，或者画舞者的素描，有时也画围观他的人。[2]

费曼很健谈，总是面不改色地开玩笑，他是物理学中的韩·索罗❶。最重要的是，他有着那一代人中最聪明的头脑。

费曼的研究始于麻省理工学院，后来他去了普林斯顿大学（入学考试获得满分），在约翰·阿奇博尔德·惠勒的指导下拿到了博士学位。惠勒也指导过休·埃弗莱特的多世界诠释。

在攻读博士学位期间，费曼被罗伯特·奥本海默雇用以帮助美国军方设计原子弹。奥本海默称他为“这里最杰出的年轻物理学家”[3]。“这里”指的是洛斯阿拉莫斯国家实验室，专门接纳全世界最聪明的科学家。

第二次世界大战结束以后，费曼在康奈尔大学完成了博士后学位，之后在加州理工学院担任教授。他希望通过教学摆脱帮助制造原子弹所留下的不愉快的回忆。费曼决定余生只致力于三件事情：思考、教学，以及照顾学生。[4]

教学和照顾学生都很容易。费曼的绰号是“伟大

❶ 电影《星球大战》中的主要人物之一。——译注

的解释者”，这是因为他的讲座太棒了，不仅有大一新生参加，还吸引了许多高年级同学，他们发现听费曼的讲座对自己的课程学习很有帮助。接下来要讲的是第三个重点：思考。费曼决定思考狄拉克的难题。

我是这样画的

毫不夸张地说，提出关于电子和光子的详细的量子场论是非常宏大的。大量的计算产生了无限的答案，或者说需要无限的输入才能得到一个答案，这显然不适合有限的宇宙（参阅附录Ⅳ以获取更详细的信息）。

很难说是什么使费曼不同于同时代的其他天才的，但我个人认为，归根结底，他首先是一名物理学家，其次才是数学家。

我这么说不是为了贬低他。费曼是首屈一指的数学大师，但对他来说，方程只是一种语言工具，而不是最终的目标。你必须把注意力集中在方程所描述的物体上，而不是陷入符号的泥沼。人们用于解决QED的数学语言非常烦琐，而且只能得出部分正确答案，费曼决定发明一种新的数学方法使之简化。

想象一个电子自顾自地在宇宙中穿行。在量子场论中，我们必须这样描述：在电子场中，能量量子从一处传播到另一处。我们用一个叫“传播子”的方程（这个名字很合理）描述它的轨迹。

在费曼的新数学系统中，我们舍弃了电子的传播函数方程，取而代之的是一根与箭头差不多的图形。（注意：严格来说，这个符号表示“运动中的电子”，它不一定是从下到上的沿直线运动，它也可以沿曲线运动，或者绕原子核运动。）

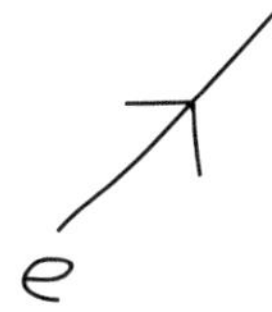

现在，电子沿着预定的轨道运动，一个入射的光子靠近并被电子吸收，还把电子撞到了其他地方。在量子场论中，我们需要描述光子场的量子与我们的电子的相遇，以及这两个场发生的能量转换。

我们用波浪线表示光子的传播函数，并把它们的相互作用画成这样：

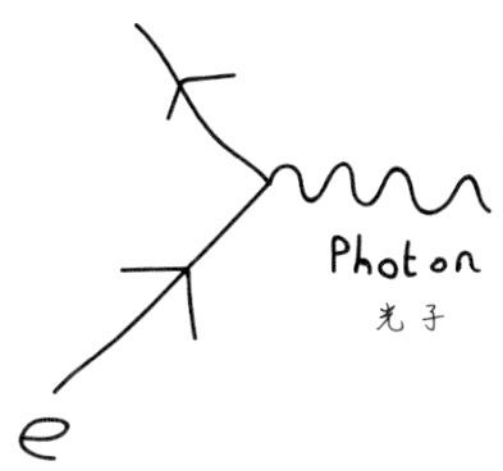

从下往上看，我们看到了电子在电子场中传播，并与光子场相互作用（吸收光子），然后在吸收能量时飞往一个新的方向。或者，同样简单地，它可以描述相反的过程：电子激发了一个光子，然后向另一个方向反冲，就像开枪后人手被后坐力反推一样。

图中三条线的交点是“顶点”，进行数学处理时需要用到所谓的“耦合常数”。耦合常数衡量的是两个场交换能量的难易程度，数值越大，两个量子（粒子）相互作用的可能性越高。

整个过程看起来非常简单，这正是费曼的数学方法的力量所在。费曼图删去了一页又一页冗余的数学术语，将其精简为最基本的内容。画入射电子的传播函数、光子的传播函数、出射电子的传播函数以及耦合常数，把它们结合在一起，就可以预测电子和光子将如何相互作用。QED 理论行之有效。

电荷的解释……最终

一束普通的光是由光子组成的，这些光子遵循特定的方向、速度和能量定律。如果两个电子相互传递光子，就像足球运动员相互传球那样，它们就可以交换光子。由于海森堡不确定性原理，我们无法知道光子的实际运动方向。我们可以说发生了光子交换，但不知道哪个电子接收光子、哪个电子贡献光子——否则这将提供太多的动量和位置信息。

这些发生在电子之间的光子交换就像临时的光子涟漪，而不是永恒的光束，所以它们显然不是平常的光子。

想象湖面有两艘船，它们紧贴着交错行驶。这样，它们产生的尾迹会在两艘船中间相遇，形成临时的水波扰动，将两艘船分开。这两艘船未曾接触，却通过水波场传递这种瞬时波动，从而交换能量。之后它们不会沿直线通过，而是以一定角度偏转。

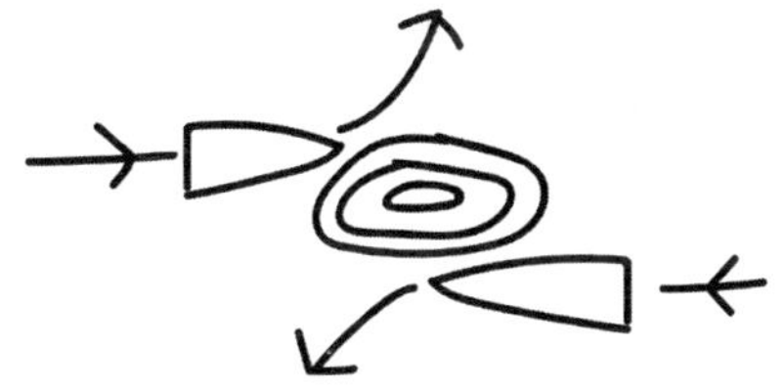

玩具船（如上图）代表电子，水中的膨胀（玩具船之间的同心圆）代表交换的光子。当能量转移时，光子只是短暂地存在。

我们把这种电磁场中的瞬时波动称为“虚光子”，用以与构成光束的、实际的、永恒的光子区分开。同理，我们可以把推开两艘船的水波称为“膨胀水波”，而不是独自在海洋中游弋的永恒水波。

虚光子不会长久存在，也不需要遵循通常的物理规则，所以我们可以赋予它们通常看不到的各种属性，来解释我们希望看到的任何现象。

虚光子迫使电子分开，并在电子之间传递能量，但如果其中一个电子带相反的电荷，虚光子就会获得“负能量”，像旋涡一样把粒子吸到一起。[5]

下图左表示两个带相同电荷的粒子相互排斥，下图右表示两个带相反电荷的粒子相互吸引。对它们的计算比较复杂，因为我们要用到两个耦合常数（图中的顶点）和五个传播函数（每个粒子线），但QED得到的答案非常准确。

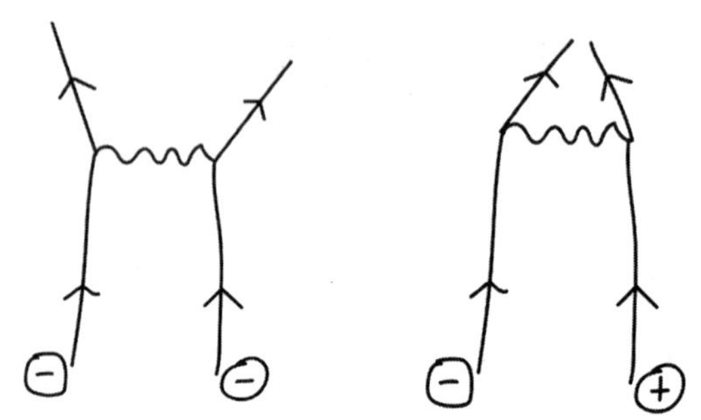

电荷可以测量粒子与光子场相互作用的强弱，以及虚光子的行为方式。

物理学家朱利安·施温格（与费曼共享诺贝尔奖）说，我们应该想象电子本身不断地激发和吸收虚光子，就像一个人在不停地抛接球，因此在运动时创造了一个虚光子云，其他粒子可以撞到这片云中。QED 解释了电荷的本质。

打破定律

从很久以前起，我们就一直相信一件事：有果必有因，无因必无果。你永远不可能无中生有，也永远不可能化实为虚。这一原则由夏特莱侯爵夫人提出，现在的表述是“能量既不会凭空产生，也不会凭空消失”，这就是能量守恒定律。虚光子打破了这一定律。

海森堡不确定性原理说，我们不可能准确地测量一个粒子。动量和位置不可能同时被测量，因此粒子永远不会静止不动。量子场论扩展了这一观点，认为无论粒子符合什么定律，其潜在的场也一定符合该定律。这意味着场也有不能被测量的值。

量子场必须不断地晃动，然后虚粒子也不断地晃动。这意味着每一秒场中都有不计其数的虚粒子产生和消失。随着虚粒子的诞生和湮灭，你周围空间的每一点都在发泡和起泡，所用的时间非常之短。

真空不空。

费曼计算出，如果抽出一个电灯泡体积内的所有虚粒子，其能量足以煮沸整个地球的海洋。这么庞大的能量我们却没有注意到，这是因为它几乎在诞生的那一刻就湮灭了。

这意味着在量子场论中，你可以无中生有，因为“无”是不稳定的，不确定性原理禁止“无”的状态。如果“无”的时间足够长，能量就会没缘由地产生。这听起来有些疯狂，但我们不得不接受它，因为有好几个重要证据支持 QED。

这是科学史上最准确的理论

并不是只有费曼一个人为电子和光子的量子场论提出了完全可行的设计。费曼与朝永振一郎以及前面提到的朱利安·施温格共享了 1965 年的诺贝尔物理学奖，后两位科学家用自己的方法独立分析发展了 QED 并给出了重要预言。

但施温格与朝永振一郎的方法要复杂得多，并且纳入了许多费曼认为不必要的额外工作。(费曼与施温格的方法截然不同，甚至没有人意识到他们在解决同一问题，直到他们的共同好友弗里曼·戴森在一个下午与他们联系，并在去伊萨卡岛的巴士上意识到了这个问题。)[6]

费曼图很优雅，但一个人不会仅仅因为画了漂亮的图就获得诺贝尔奖。相信我，我已经向诺贝尔委员会提交了我书中的几十张插图，但什么也没有得到。然而 QED 做得更好一些，因为费曼图不仅仅是天马行空的示意图，它们还有很强的预测能力。

关于 QED 的能力，有一个例子是它能计算光子场和电子场相互耦合（交换量子）的强度。2012 年，仁尾真纪子和他的团队对这个数字做了最详尽的计算，他们用电脑计算了 12,672 张费曼图，结果是每张费曼图的光子场和电子场之间都有 10 个顶点。

他们计算出的耦合常数值是 0.00729735256，而实验测量的耦合常数值是 0.00729735257。理论和数据在小数点后十位是一致的。[7]

费曼说这种精确程度相当于测量纽约到洛杉矶的距离，只有一根头发丝直径的误差。科学上没有其他预测能与之媲美。

如果你接受暖空气上升的理论，如果你接受病毒如何起作用的理论，如果你接受任何科学理论，那你也应该接受 QED，因为它的证据更有力。如果数字还无法说服你，QED 还有另外一个重要的预测，即反物质。

听起来像电影的情节

谈到场中出现的粒子，狄拉克指出，这会在场中留下一个洞。回到冰激凌的类比，我们从桶中每挖一勺冰激凌都会产生一个冰激凌粒子，同时也会在表面形成一个同等大小的凹坑。

我们可以把粒子放回凹坑从而抵消它，这就像是在产生粒子的同时创造了一个颠倒的粒子洞。这就是反粒子。

费曼的 QED 也预测了反粒子，但它以一种不同的方式出现——并非电子场中出现一个电子和一个空洞，而是有两个场：电子场和反电子场，光子场同时与这两个场耦合。

我们来重新看看电子吸收（或吐出）光子的费曼图。

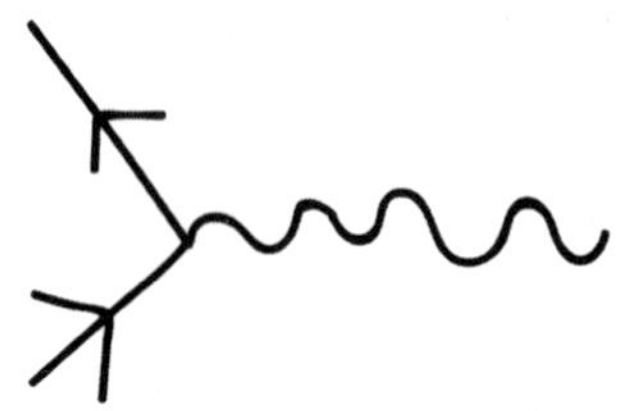

费曼图有一个绝妙的特征，那就是它的任何角度都是有效的，所以我们可以旋转它，得到同样正确的答案。如果我们把上图翻转 90 度就会得到：

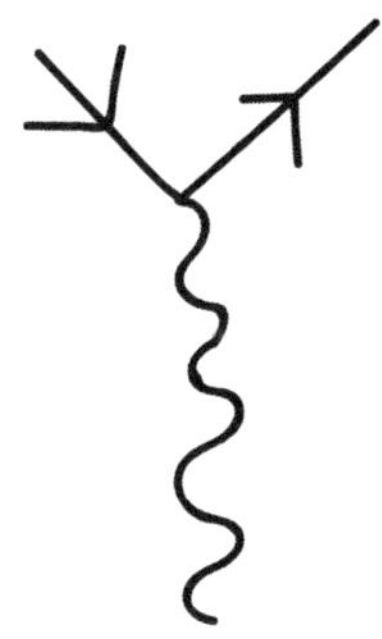

我们从下往上读。光子场中的量子在空间中传播，然后随机地决定消亡，将其能量转移到电子场中（一个光子转变成一个电子）。但如果我们仔细观察，就能看到一些奇怪的东西。其中一个电子的传播函数箭头指向相反的方向。

右边的传播函数代表电子，那么左边的传播函数一定是同时产生的某种相反的电子。我们再次翻转这张图：

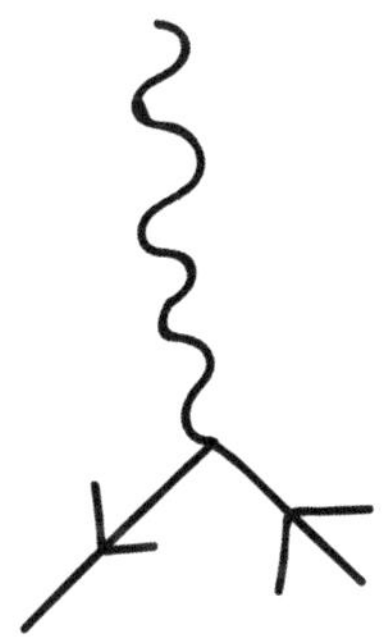

图中的两个箭头表示相互靠近的一个电子（右）和一个反电子（左），它们湮灭产生了一个光子。（注意：由于数学上的原因，碰撞实际上产生了两个光子，而非一个。这对我们的图没有任何影响。[8]）

“反电子长什么样？”我听到你这样问。它就像正常的电子，但是带相反的电荷。反电子是正电子而非负电子。但是，如果电子的电荷来自某个方向的光子，那么相反的电荷来自相反方向的光子吗？费曼神秘兮兮地回答，是的。

费曼在 1949 年证明，如果你画一个普通电子的传播子，并在方程中使它反向（费曼图的箭头相反），就能得到反电子的传播子。费曼认为，反粒子是在时间上后退的普通粒子。[9]

一些物理学家不喜欢时间后退粒子的观点，因为你不能一本正经地说电子可以穿越时间。在我看来，这有点像爱因斯坦反对叠加态。他不喜欢叠加态所暗示的东西，但无法判断它究竟是对还是错。我们只能说，方程是成立的。因此这只是一个喜好的问题。反物质粒子确实存在，而且它们的行为与费曼所说的完全相同。

建造你的粒子检测器

卡尔·安德森用一种叫“云室”的设备发现了反物质。云室的设计非常简单，每个人都可以建造一个。我尝试了几次，但我在实验室里和海森堡一样无能——尽管我知道如何更换烟雾报警器中的电池（有趣的是，烟雾报警器对我工作的任何实验室来说都至关重要）。

现在你可以这样做：找一个透明的容器，用一条浸过酒精（异丙醇 / 外用酒精效果最好）的毛毡把它的边缘包起来。将容器密封，整体放在一层冰上，使底部表面冷却。这会在容器内建立一个稀薄的酒精蒸气大气层，任何穿过塑料壁的粒子都会在尾迹中留下蒸气的痕迹，显露出浅色的线条——仿佛是凭空出现的。

你也可以在容器里放一块磁铁，带电粒子会绕着它做曲线运动。电荷与磁性是同一个场的性质。

卡尔·安德森当时正在研究宇宙射线，他计算了到达地球表面的电子数量。宇宙射线就是从太空中不断降落在我们身上的粒子碎片。计算的时候，大多数电子的行为都和预测的一样，但有 15 条绕着磁铁的轨迹偏离了方向。安德森观察到了带正电荷的电子。从太空来的反物质。[10]

反电子也叫“正电子”。然而，令人扫兴的是，带相反电荷的质子叫“反质子”，带相反电荷的中子叫“反中子”。你可能很奇怪，众所周知，中子是一种中性粒子，怎么可能有带相反电荷的中子？我们将在下一章讨论这个问题。

QED 让我们对现实的认识更加复杂，因为现在我们要处理 7 种粒子 / 场：质子、反质子、中子、反中子、电子、正电子、光子。

光子没有对应的反物质，这在费曼的时间反演理论中是完全合理的。如果反物质真的是在时间上后退的普通物质，光子应该就是它自身的反粒子，因为光子不经历时间。

在狭义相对论中我们已经看到，随着速度的加快，时间会逐渐减慢，直至到达宇宙的极限速度。光子正是以那个极限速度移动，对它们而言没有时间的概念。光子的时间不会前进，也不会后退。

漫画书中反派的首选武器

反物质粒子的寿命很短，因为一旦遇到普通粒子（宇宙中的大部分粒子），它们就会湮灭，从而产生光子。但不必担心，你可以在地球上自己制造反物质粒子，价格非常低，每克只需 62 万亿美元！[11]

很明显，制造反物质非常困难和昂贵，所以粒子物理学家需要非常细致，才能制造少量的反物质。在撰写本文时，保持最多反物质活跃的记录是2011年309个反氢原子（带1个正电子的反质子）活跃了惊人的16分30秒。[12]

反物质技术值得研究的主要原因是，物质和反物质的碰撞能产生大量的能量，一茶匙那么大的物质－反物质就可以把火箭发射到半人马座α星系。它也可以把一艘中等大小的宇宙飞船加速到光速的1/4，从而在几年内完成几个世纪才能完成的旅途。

当然，这种能量确实为武器制造提供了条件，军方官员偶尔也会讨论反物质炸弹的概念。反物质可能会成为地球上最具破坏性的武器，也可能会成为我们逃离地球的唯一方法，这取决于我们如何利用它。

第 13 章　粒子物理的创立

派对上的不速之客

1936 年，科学家已经解决了原子的结构问题，量子论也对其做出了精确的预测。上一次人们这样信心满满还是在马克斯·普朗克的灯泡实验之前，我们相信这种事情不会再发生了。怎么可能还需要别的东西呢?

好吧，正如我们经常引用的罗比·伯恩斯的诗句所说："哪怕是老鼠和人类最周密的计划，也没有考虑到 μ 子场的存在。"

卡尔·安德森通过云室中的正电子轨迹发现了反物质。这真是太棒了，但它并没有令任何人感到震惊，因为反物质在 QED 的预料之中。1936 年让所有人震惊的是他在云室里发现的另一条轨迹，其行为几乎与电子完全相同……除了重量是电子的 200 倍。

这种叫作"μ 子"（渺子）的粒子性质与电子相同，能与光子场耦合，并遵循费曼图的规则。它只是"胖"一些，而且就我们所知，它对我们的理论来说完全是画蛇添足。

原子中不包含 μ 子，因为它寿命较短，持续时间约为 0.000002 秒，它出现在宇宙中，但完全没有明显的价值。μ 子场是未曾有人预测也无人寻求的新场，当诺贝尔奖得主伊西多·拉比被告知存在这样一个场时，他非常惊愕，愤怒地大声说："这是谁规定的？"[1]

μ 子非常重，因此具有很高的能量，就像一根蓄力的吉他弦抑制了温和的振动，μ 子场的波动可迅速将能量转移到电子场，使重粒子衰变成轻粒子（即 μ 子变成电子）。

1974 年，同样的事情又发生了。马丁·佩尔发现了一个更重的电子，τ 子（也叫"陶子"），质量是电子的 3,500 倍，寿命甚至更短。[2]

结果表明，电子和正电子并不是独一无二的。在这个由电子、μ 子、τ 子及其反物质孪生兄弟组成的粒子家族中，电子和正电子是最轻的。人们把这 6 种粒子统称为"轻子"。这个词源自希腊语中的"leptos"，意思是小。它们的存在让人有些不安。

曾经，我们以为所有的物理定律都在某种程度上有益于生命。μ 子和 τ 子的发现挑战了这一观点，因为似乎大自然有时会做一些与我们无关的事情。没有 μ 子和 τ 子，我们也会活得很好。无论它们存在的理由是什么，显然我们不需要它们。

μ 子和 τ 子有一些更多样的用途，比如探测金字塔的内部（它们比电子更重，穿透更深）。但除此之外，大自然似乎毫无缘由地把电子分成了三份，而且不只是轻子有这种分裂。

粒子动物园

我们很难探测到宇宙射线粒子，因为它们大多与地球大气层相互作用，永远不会到达地表。为了看得更清楚，塞西尔·鲍威尔决定在安第斯山脉的山顶安装一组粒子探测器，看看会发现什么。1947年，在如此高的地方，鲍威尔发现了一种他称之为“π 介子”的粒子。π 介子的电荷与中子相同，但质量更轻。

几个月后，克里福德·巴特勒以同样的方式发现了 K 介子。然后在 1950 年，科学家发现了 λ 粒子，它就像一个很重的质子。接下来我们发现了 Ξ 粒子、eta 粒子和 ω 粒子，到 20 世纪 70 年代初，我们已经有 400 多种新粒子需要追踪。[3]

我们原本简洁的收藏品现在看起来更像是一场乱糟糟的聚会，每五分钟就有一个新的不速之客到来。罗伯特·奥本海默说，我们应该把诺贝尔奖颁给没有发现新粒子的物理学家[4]。恩里科·费米则十分沮丧，他说："如果我能记得这么多粒子的名字，那我就可以做一个植物学家了！"[5]

尽管在数学上很复杂，但量子场论被认为是对物理学基本定律的一种优雅的描述。丑陋的粒子药水画不出这样一幅图画。

这让人想起一个世纪前化学领域发生的事情。人们不断发现着具有各种性质的新化学元素，等人们意识到原子是由更小的物质——今天我们所熟知的质子、中子和电子——构成时，各种困惑才得以解开。物理学家希望同样的事情也会发生在粒子身上。

有 400 个物种的动物园看起来太乱了。有的人不得不在混乱中寻找规律，就像费曼使我们对电子和光子的理解变得有条理一样。或许具有讽刺意味的是，完成这项艰难任务的正是费曼的对手：默里·盖尔曼。

盖尔曼与费曼的办公室隔着一道走廊，两人的关系经常剑拔弩张的。当他们都获得诺贝尔奖之后，关系变得更糟。

费曼喜欢参加聚会，流连在女人之间（他结过三次婚），在读书上没花太多心思。盖尔曼是一位杰出的学者，15 岁入学耶鲁，能讲多种语言，把很多时间花在阅读语言学和考古学的论文上。盖尔曼生活恬淡，费曼喜欢酒吧和俱乐部（不过值得注意的是，费曼从不喝酒，他鼓励人保持清醒）。

尽管两人有分歧，生活方式也迥异，但他们都认为质子和中子不是基本粒子。人们已经知道了几十种更轻的粒子，这意味着存在更小的亚结构，人们正在竞相提出一种新的量子场论来描述它们。

费曼把这些假设的亚质子/亚中子称为“部分子”，就如何观察它们做了大量的研究。然而，详细描述它们的理论是由盖尔曼提出的，盖尔曼还给它们取名为夸克（kwork），仅仅因为他喜欢这个词的发音（如果你以前读过这个话题，对“kwork”这个拼写有所怀疑，请稍候）。

通过分析已发现的大量粒子的质量、电荷、自旋和寿命，盖尔曼说所有粒子都可以理解成夸克的组合。有两种夸克，分别叫“上夸克”和“下夸克”。

上夸克带 +2/3 电荷，下夸克带 −1/3 电荷。两个上夸克加一个下夸克，即 +2/3+2/3−1/3 得到 +1，也就是一个质子。两个下夸克加一个上夸克，即 −1/3−1/3+2/3 得到 0，也就是一个中子。

三个上夸克得到 Δ 粒子，一个上夸克和一个反

下夸克得到 π 介子……诸如此类。粒子动物园是一种错觉，质子和中子都是复合粒子，而不是基本粒子。夸克才是重要的，因为夸克组成了物质。

哦，顺便说一句，这就是反中子的由来。普通中子不带电，这是因为组成它的夸克总电荷为 0。你可以用两个反下夸克加一个反上夸克的组合，总电荷也是 0。但反物质 0 不等于物质 0。生活是不是挺丰富多彩的？

海鸥的鸣叫

一天晚上，在读爱尔兰现代主义小说家詹姆斯·乔伊斯的小说《芬尼根的守灵夜》（*Finnegans Wake*）时，盖尔曼读到了一首诗，开头是这样写的："向麦克老人三呼夸克（quark）。"

盖尔曼立即被这个毫无意义的"夸克"吸引住了，因为它描述的正是一组三个物体发生的事情，就像他提出的粒子一样。这个词的拼写稍稍往他听过的声音靠拢，他就接受了这个发音。乔伊斯可能想用"quark"与"Mark"押韵，但盖尔曼决定用"kwork"与"quartz"押韵。[6]

在诗中，"quark"一词代表海鸥的鸣叫。也许在盖尔曼居住的加利福尼亚州，海鸥发出的声音是

“kwork”，而不是“kwark”。

英国人经常把这个词读成“kwark”，但这不是盖尔曼的本意。你一定要读成“kwork”，否则就得面对加州海鸥的怒火。

另外，用鸟鸣声给粒子取名并不是最奇怪的事情。物理学家阿兰·古斯给一种假象的粒子取名为“暴胀子”，因为它让宇宙加速膨胀。弗兰克·维尔切克给一种粒子取名为“axion”，这是一种洗涤剂的品牌。[7]

色彩丰富的语言

盖尔曼提出了夸克的存在，几年后，人们通过实验发现了夸克。在实验中，科学家向中子发射轻子（电子、μ 子和 τ 子），并观察它们的路径。如果中子是“中子场”中不可再分的物质，轻子就会呈锐角反弹回来。但如果像盖尔曼预测的那样，中子由夸克亚结构组成，轻子就只会偏转，被夸克粒子的电荷吸引而偏离航线。[8]

实验结果符合盖尔曼的预测，为我们提供了一种新型粒子，也为正在研究的原子核提供了一种量子场论。

质子和中子各由三个夸克组成，考虑到海森堡不确定性原理，这些夸克周围有数千个虚夸克。维持稳定的三个夸克叫作“价夸克”，它们决定了整体的同一性。

由于夸克带电，我们知道夸克会与光子场相互作用。但存在一个明显的问题：为什么带正电的两个上夸克不会相互排斥？带相同电荷的两个粒子不可能相安无事，因此需要有人来解释，为什么原子核在形成的瞬间不会爆炸成碎片？

日本物理学家汤川秀树提出有一种比电磁力强得多的力，是它使质子形成一个整体，也是它让质子和中子保持稳定。这种力可以压倒电荷的排斥，原因是它非常强，所以汤川秀树给它取名为“强核力”。

电磁力与强核力的量级差别非常大。电磁力可以移动原子周围的电子，使化学反应（比如生火）得以发生。强核力则涉及移动原子核中的质子和中子，它能引发核爆炸。

电磁力是关于粒子与光子场的耦合的，并且粒子通过虚光子进行交流，所以从逻辑上讲，强核力也有自己的场，并且夸克能与之耦合，盖尔曼把这种场称为“胶子场”。你懂的，因为它把粒子胶合在一起。

接下来，我们要赋予夸克一种属性。光子场中粒子的耦合能力叫电荷，盖尔曼需要一种属性使夸克与胶子场耦合，他选择了一个不太有用的词：色荷。

“黏性”这个词可能更适合，但盖尔曼确实有自己的理由。不同于电荷的两种形式（正电荷与负电荷），色荷有三种，这让人联想到光的三原色。

夸克有红、绿、蓝三种“色荷”，它们通过胶子结合在一起，颜色相互抵消，形成整体呈“白色”的质子和中子。夸克并不是字面上的红色、蓝色和绿色（实际上它们没有颜色，参阅附录Ⅴ），我们通常把它们画成红色、蓝色、绿色，只是为了故意造成混淆。

费曼关于电子和光子的量子场论是量子电动力学，因此盖尔曼把关于夸克和胶子的量子场论称为“量子色动力学”（QCD）。这个名字来自希腊语中的“chroma”，意思是颜色。

看来我们被困在这里了

费曼关于轻子的QED理论和盖尔曼关于胶子的QCD理论有一个最大的区别，那就是在QED中，一切都可以用相反的术语表示：吸引与排斥，正与负，物质与反物质，等等。我们可以通过颠倒方程和图表解决所有的问题，但强核力涉及三种色荷，因此不再是改变立场的问题。有三种不同选择的时候，“相反”这个词就不再适用。

此外，反夸克还有反色，分别是反红、反蓝和反绿。也就是说，如果 QCD 成立，我们就必须解释六种色荷。电荷是光子以相反的方式运动的结果，但胶子不同，盖尔曼必须对它们的古怪行为做出合理的解释。

我们需要一种更复杂的费曼图，在这种图中颜色可以转换。

电子和正电子都带有电荷，而夸克可以互相交换色荷。假设有两个夸克，分别是红色和蓝色，胶子场可以转换它们的颜色，红夸克变成蓝夸克，蓝夸克变成红夸克。

QCD 图用螺旋线代表胶子，两个夸克之间的相互作用可以这样计算 / 描绘：

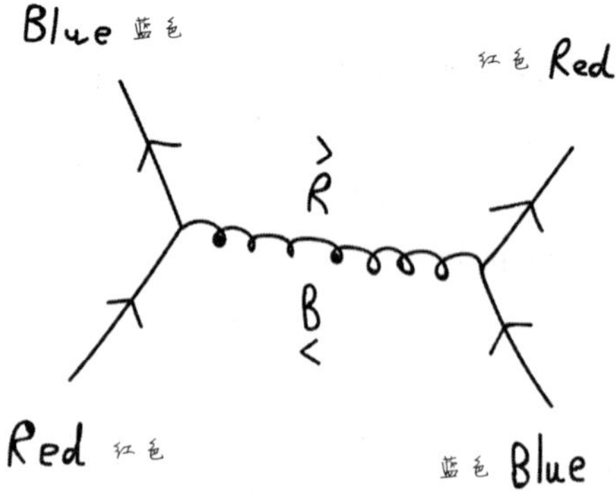

夸克之间移动的胶子把蓝色荷带到左边，把红色荷带到右边。这意味着在来回穿梭的过程中，虚胶子是色彩丰富的。

色荷交换也可以解释为什么强核力总是相互吸引，而电磁力既可以吸引，也可以排斥。因为虚胶子有多种颜色，每一端都有夸克。根据定义，胶子把一个夸克的色荷转移到另一个夸克，如果去掉其中一个夸克，对应的胶子就会空下，其中的色荷将无处安放。

夸克有色荷，这是它们与胶子场耦合的另一种说法。夸克永远不会独立存在，因为夸克的本性就是“通过胶子与其他夸克结合”。强核力总是具有吸引力的。

其对应的术语叫“夸克禁闭”。夸克总是成对出现（介子）、三个一起出现（重子）、四个一起出现（四夸克），等等。我们从来没有见过“裸”夸克——真实的术语——尽管那些变态的物理学家竭尽全力地想要看一眼。

我们把两个夸克放在胶子线的末端（介子），让它们在磁场中旋转，直到胶子管折断。

遗憾的是，当我们做这个实验的时候，胶子会产生额外的能量，并立即把这些能量转移到夸克场，在裂口两端产生新的夸克。一个介子变成两个介子。夸克不会单独存在，即使它们被强迫分开。

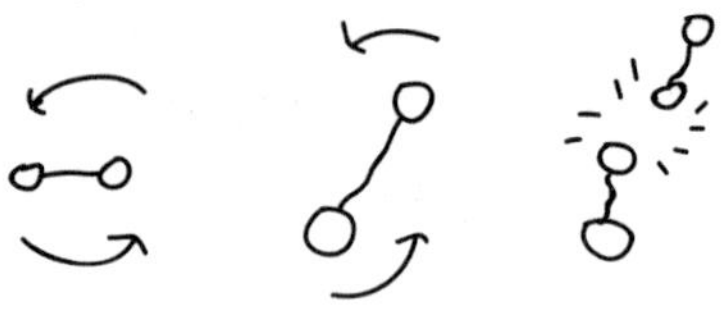

在费曼的 QED 中，光子不具有电荷（它们引起电荷）；但在盖尔曼的 QCD 中，胶子和夸克一样拥有色荷，这意味着胶子可以与胶子相互作用，随意地来回交换量子彩虹。

我们知道，质子由三个夸克组成，胶子在夸克之间来回移动。最开始我们认为三个胶子呈三角形，但由于胶子能彼此交流，现在我们认为夸克之间的胶子呈 Y 形。

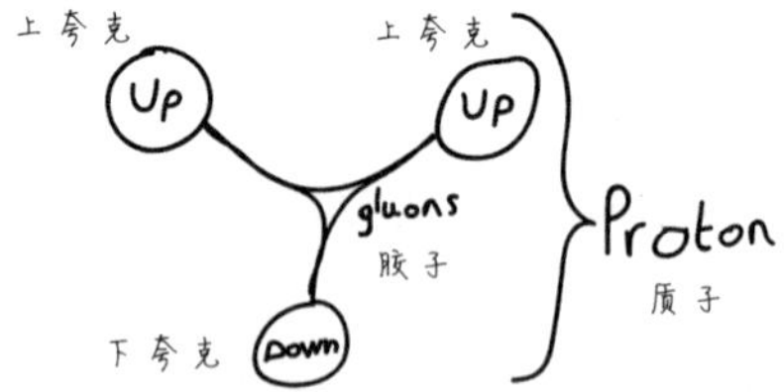

这也意味着胶子不需要夸克也能粘在一起，形成自己的纠缠胶子对，我们称之为“胶球”。

在某种程度上，这种新增加的复杂性使 QCD 比费曼的 QED 更令人印象深刻、更错综复杂；但从另一种角度来看，QED 优雅得多，它只需要一种交换粒子，而 QCD 需要好几个（8 种胶子才能交换所有的颜色组合）。感谢上帝，夸克只有两种，对吧？

奇异的魅力

盖尔曼的上/下夸克很伟大。把它们按正确的顺序组合起来，我们就能解释粒子动物园中几乎所有已知的粒子。关键词是“几乎”。

有一个粒子是特殊的。不能把 K 介子描述成上夸克和下夸克的组合。它更像是一个上夸克与一个较重的下夸克胶合在一起。

考虑到电子有几个已知的、重得多的相对粒子（μ 子和 τ 子），盖尔曼认为下夸克也一样。K 介子的行为的确很奇异，所以盖尔曼用“奇异”这个词给第三种夸克命名，并给出了 QCD 中所有必需夸克的列表，来看看吧：

上夸克	
下夸克	奇夸克

盖尔曼用复杂的数学方法预测了上夸克和下夸克，但即使不是诺贝尔奖得主也能发现这张表缺少什么。如果下夸克有一个更重的对应粒子，难道上夸克不应该也有一个吗？如果存在第四种夸克，这张表不是更简洁、更漂亮吗？

物理学家谢尔顿·格拉肖相信有第四种夸克，并计算出了它可能具有的性质。有一些细微的证据可以证明它的存在（科学家预测 K^+ 和 K^0 粒子会转变成更轻的粒子，盖尔曼的三夸克理论也是这样预测的，但实际并非如此），但格拉肖很大程度上是凭直觉，他认为宇宙应该是完美的。

很多时候，科学家是顽固的怀疑论者，他们不相信没有证据的想法，但有时他们也是人，也怀有憧憬。

格拉肖深信大自然是美丽的，所以他给他憧憬的粒子取名为“粲夸克”[1]。迷人的大自然使夸克更加和谐、对称。他的乐观在 1974 年得到了回报，粲夸

[1] 格拉肖的命名是“charm quark”，意思是“魅力、美好”，所以这个词最早被翻译成“魅夸克”。中国物理学家、教育家王竹溪先生将其翻译成“粲夸克”——“粲”与“charm”谐音，出自《诗经·唐风·绸缪》中的“今夕何夕，见此粲者”，其中“粲”是美好的意思。“粲夸克”这个译名沿用至今。——译注

克被发现了。记住，在物理学中，有时你可以期望大自然知道她正在做什么。

“3”显然是个神奇的数字

在阿瑟·克拉克的科幻名著《与拉玛相会》（*Rendezvous with Rama*）中，人类发现了一处被外星人抛弃的建筑，它是由一个迷恋数字“3”的物种建造的。人类发现了有三条裤管的外星人服装、三联体的建筑，这个神秘物种的每个决定似乎都被复制了三次。大自然也有类似的困扰。

在粲夸克得到验证的前一年，事实上也是《与拉玛相会》出版的那一年，小林诚把这种对称而简洁的想法又推进了一步。QED 中有三种物质粒子——电子、μ 子和 τ 子，所以也许 QCD 只是重复了相同的趋势。

粲夸克是上夸克的“胖姐姐”，奇夸克是下夸克的“胖姐姐”。还会有第三代吗？小林诚不相信必败的设想，他给这些夸克取名为“底夸克”和“顶夸克”。它们分别在 1977 年和 1995 年被发现。

在《与拉玛相会》的结尾，人类还有许多困惑：外星人是谁？为什么它们选择“3”？在粒子物理中，情况也是如此。

为什么夸克和轻子都有三代？有第四代吗？三个世代与三种色荷有关联吗？没人知道。

也许有一天，我们能突破胶子线的禁闭，分解出一个独立的夸克，然后进一步了解它们的行为。也许有一天，我们可以得到裸粲夸克、裸奇夸克和裸上夸克。如果我们足够幸运，终有一天我们能够瞥见裸底夸克[1]。

---

[1] 原文是"naked bottom"，字面意思是裸露的下身。——译注

第14章
亲爱的，我的希格斯在哪儿

物理女王陛下

2012年7月4日，全世界的报纸都在宣告这对科学界意义重大的一天。《独立报》的头版头条是，“科学家证明了上帝粒子的存在”；加拿大广播公司说，“粒子物理缺失的基石”已浮出水面；《纽约时报》的一则标题是“物理学家发现了可以解开宇宙之谜的神秘粒子”。

这就是对希格斯玻色子的重大发现，每个人都迫不及待地想要解释它有多么了不起。然而希格斯玻色子非常复杂，我无法摘录出有价值的新闻片段来概括它。

希格斯玻色子非常复杂，以至于1993年英国科学部长威廉·瓦多格列佛悬赏一瓶香槟，征求能够用一页纸解释希格斯玻色子的科学家。[1]本书中我不打算这样做（我更想要一杯奶昔），但我们要尝试感受一下希格斯玻色子是什么东西。

希格斯玻色子之所以重要，是因为它证实了科学家近 50 年前的一个预测。要证实这个预测，需要建造大型强子对撞机——有史以来最大的机器。

但我们怎么知道它值得付出如此巨大的努力呢？比如说我现在可以发明一种叫“timon”的粒子，它让你在看无聊电影时想要查看手表。我们要为此建造一台机器吗？

想想看，理论物理学家如何知道哪些假说值得研究？有那么多粒子、那么多场、那么多相互作用，我们怎样知道自己的方程是合理的？有没有指导新物理定律的终极法则？

答案是有的，它来自史上最杰出的不知名物理学家之一：阿马莉·埃米·诺特。

在 20 世纪初，只有两名女性被允许在德国埃尔朗根大学就读，她们上任何课程都需要得到任课老师的许可，诺特就是其中之一。信不信由你，她并没有因拥有子宫而不懂数学（岂有此理？）。诺特撰写了一系列论文，受到了德高望重的数学家大卫·希尔伯特的赏识。

希尔伯特帮助诺特在哥廷根大学获得了一个讲师职位，她是那里唯一的女职员。当然，这份工作是没有报酬的，她必须以希尔伯特的名义授课。但无论如何，她已经踏进了学术界的大门。[2]

后来，诺特发现了可能是理论物理学中最重要的指导原则——“诺特定理”，局势终于逆转。女性想要被平等对待，就得超越世界上所有的男性物理学家——在某种程度上这是一种耻辱。不过这也让她显得很了不起。男性没有给她足够的尊重，但她以一个影响深远的理论征服了每一个人。这个定律构成了QED和QCD的基石，解决了相对论中爱因斯坦也搞不清楚的难题。

诺特定理是关于物理学家所说的“对称性”的，这是一个我们一直在玩味的概念。当我们研究一个事件或一个粒子时，我们通过方程计算动能（运动）和势能（场中的位置），两者的差值叫“拉格朗日量”。每条物理定律都有一个拉格朗日量。

但我们总是可以改变正在研究的任何场景的细节。我们在强磁体附近做实验，或者改变粒子的质量，有时会改变拉格朗日量，有时不会改变。如果拉格朗日量不改变，所有的方程就都是相同的，我们就说该理论具有“对称性”；如果拉格朗日量改变，方程同样改变，我们就说该理论具有“对称性破缺”。

诺特定理说，如果理论具有对称性，那么一定存在一个相关的、不会被改变的粒子属性。

例如，假设我们正在研究一个粒子，并决定把它往右移动 1 米。粒子行为是相同的。因此，我们的理论是关于位置对称的。

诺特定理说，位置的改变是因为粒子带着动量从一个地方运动到另一个地方，动量必须“守恒”，也就是说动量既不会凭空产生，也不会凭空消失。粒子可以在碰撞过程中传递动量，但无论如何，前后的总动量总是相同的。

诺特定理的另一个例子是，当我们让粒子在时间上前进时，物理定律仍然是不变的。物理定律是关于时间对称的，因此它必然也有一个对应的守恒的性质——最终证明是能量（因为我们正在讨论因果）。夏特莱侯爵夫人已经证明过能量既不会凭空产生，也不会凭空消失，但诺特定理给出了根本的原因。

电荷是另一个守恒量，它源于粒子波函数振动的方式。这就是为什么光子总是一前一后地产生粒子和反粒子。电荷必须守恒，因此不带电荷的光子在产生电子的同时产生一个反电子，使总电荷为零。以上只是几个例子。

诺特定理告诉我们，物理定律中哪些性质是可以改变的，哪些性质是不可以改变的。它补充了狄拉克、费曼、盖尔曼的量子场论。诺特给了我们一条物理定律，怎么夸大其重要性都不为过。

不幸的是，由于诺特是犹太人，她在纳粹主义兴起时被赶出德国，之后逃到了法国。但从好的方面说，一群热情的科学家欢迎了她，把她奉为无可争议的“女王”。诺特赢得了早就应该得到的认可。在她去世后，爱因斯坦还在《纽约时报》上为她撰写了讣告，称她为“自女性接受高等教育以来最重要的天才”。[3]

冷静点，小家伙

轻子数也是诺特定理得到的守恒量之一，不需要是顶尖科学家就可以得出这个结论：宇宙中轻子的数量保持恒定。这是个对称性定律，但令人恼火的是，它在纸上看起来太对称了，而有一个已知的过程似乎造成了对称性破缺。

这个过程叫“β 衰变”，由居里夫人（另一位物理女王）发现。当一个不稳定的原子核中心的一个质子转变成一个中子时，就会发生 β 衰变，而且似乎是随机的。发生 β 衰变的时候，原子吐出一个电子，电子会迅速远遁，然后被人类检测到，并被命名为“放射性”。

根据诺特定理，这是有道理的，因为电荷必须守恒。如果一个不带电的中子转变成带正电的质子，就会产生一个带负电的电子。但如果轻子数是守恒的，那这是否打破了诺特定理，在以前没有电子的地方产生一个电子呢？

沃尔夫冈·泡利（击垮德布罗意导波的家伙）提出的解释是，β 衰变一定还产生了另一种粒子：某种不带电的反轻子。

恩里科·费米把这种假想的粒子称为“中微子”，意思是“微小的中性粒子”。25 年来，我们一直在追寻这种粒子，试图证明诺特是正确的。很可惜，中微子是物理学中最不起眼、最难发生相互作用的粒子，所以这并没有那么容易。

太阳核心的质子和中子不断地相互转换，想象一下在这个过程中产生的中微子。光子从太阳中心到太阳表面需要大约一万年，途中的每个粒子都会吸收并重新发射光子。中微子在 23 秒内也经历了同样的旅程。

地球不断被太阳产生的中微子轰击，中微子穿过地球的时候不会有任何迟疑。当你读到这句话的时候，大约有 650 亿个中微子从你小拇指的指尖穿过。

为不喜欢被探测的东西建造探测器是很困难的。世界上最大的中微子探测器是日本飞驒市附近的超级神冈探测器（Superk），它位于一座山的地表下

1,000米处（为了过滤宇宙射线）。

Super-K有一个能容纳5万吨高纯水的水槽，每秒钟都有数万亿个中微子通过，但大多数中微子什么都不做。可是每隔一段时间，它们就会击中原子中的一个电子，我们可以探测到一丝微弱的光芒。

中微子被证明是真实存在的粒子，所以轻子数是守恒的。人们花了四分之一个世纪才找到它们，但它们也是诺特定理的绝佳证明。对了，中微子当然也有三代，分别是电中微子、μ中微子、τ中微子。

弱的表现

中微子之间几乎没有相互作用，这是因为它们没有属性，也不与我们熟悉的场耦合。它们没有色荷，因此不与胶子场交流；它们没有电荷，因此不与电磁场/光子场交流。

但中微子偶尔会与电子相互作用。而且，我们知道上夸克变成下夸克时会激发出中微子，所以中微子一定与某个场发生相互作用。这里说的是一个很弱的场，我们称之为“弱场”。没有开玩笑。

上夸克带+2/3个电荷，当它变成带-1/3个电荷的下夸克时，会损失+1个电荷。我们总是认为电荷留在原地不动，但弱场可能违背了这一假设。

弱场可以以带正电荷的虚“弱粒子”的形式带走夸克中的正电荷。然而，虚粒子不会长久存在，它很快就会衰变，并且把能量转移到正电子和中微子场中，从而使电荷数与轻子数守恒。我们可以这样解释上夸克变成下夸克：

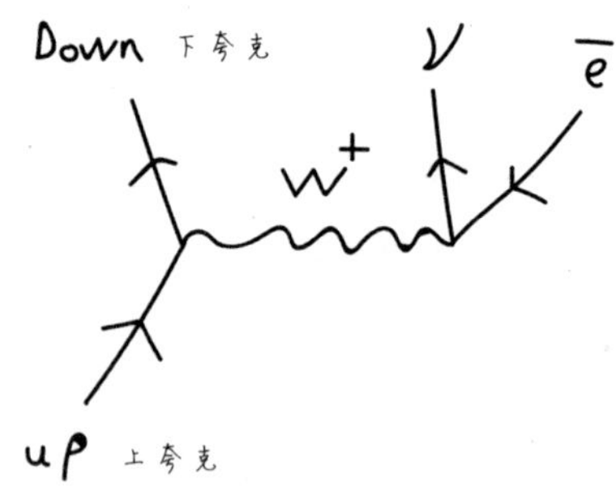

从下往上读，先从上夸克开始。上夸克与弱场耦合，产生了带正电的弱粒子（W^+），而自身变成了下夸克。

带正电的弱粒子随即衰变，产生了一个普通的中微子（用字母 ν 表示）和一个正电子（如图，电子 e 上有一个短横），使电荷守恒。相反的过程也会发生，只是 W^+ 粒子变成 W^- 粒子。

你可能正在给弱场粒子想一个很酷的名字，与光子和胶子相对，但恐怕到这个时候所有科学家都觉得有些无聊了，他们很悲剧性地称之为“W 粒子”：带正电的叫 W^+，带负电的叫 W^-。

粒子需要一种属性才能与弱场耦合，并激发出 W 粒子，这种属性叫“弱同位旋”，它有两种，+1/2 和 −1/2。夸克、轻子和中微子都有弱同位旋，但它们的耦合常数很低，我们极少看到这种影响。

但是，以埃尔温·薛定谔的猫的幽灵之名，中微子相碰时会发生什么？它们都有弱同位旋，这意味着它们之间能产生虚粒子。这不可能通过 W^+ 和 W^- 的相互作用产生，因为中微子不带电。一定还存在第三个不带电的弱粒子，谢尔顿·格拉肖把它命名为“Z 粒子”，我猜“Z”代表零（zero）电荷。

1973 年和 1983 年，Z 粒子和 W 粒子在瑞士的加尔加梅勒探测器上被发现。[加尔加梅勒（Gargamelle）这个名字来自弗朗索瓦·拉伯雷（François Rabelais）的小说《巨人传》（*The Life of Gargantua and of Pantagruel*）中的巨人，而不是《蓝精灵》（*The Smurfs*）中无能的坏蛋格格巫（Gargamel）。]

Z 粒子和 W 粒子的发现证实了中微子的行为和弱场的存在，再一次证明了诺特的对称性定理是正确的。现在你可能已经知道了，量子力学就像来自地狱的魔方，一旦拼好一面，就立刻搅乱其他几面。

完全无用的想法

量子场论涉及两种物体：物质粒子（夸克、电子、中微子）和相互作用的场粒子（光子、胶子、W 粒子和 Z 粒子）。

物质粒子统称为“费米子”，拥有空间等属性；传递力的粒子统称为“玻色子”，能够相互重叠。

你的身体由费米子（电子和夸克）构成，因此你占据一定的体积。而一束光由玻色子（更确切地说是光子）构成，这就是手电筒的光能相互穿过，而不像激光剑那样相互碰撞的原因。在这方面，玻色子令人失望。

当粒子与弱场相互作用时，电荷会发生变化，所以很明显，弱场和电磁场是耦合的。早期关于弱场的量子场论叫“量子味动力学”（QFD），但由于弱场和电磁场能相互交流，因此关于光子和弱场相互交流的完整理论叫“电弱理论”，它为史蒂文·温伯格、阿卜杜勒·萨拉姆和谢尔顿·格拉肖赢得了诺贝尔奖。私下里我把这种理论叫“量子电弱动力学”，首字母缩写是 QEWD。

这是个非常对称的理论，但这种优雅也是它的最大缺陷，因为光子场和弱场是截然不同的。

W 粒子和 Z 粒子只有短程作用，而光子可以持续传播。弱核力需要三种不同的粒子，而电磁力只需要一种。最大的对称性破缺在于：W 粒子和 Z 粒子有质量，而光子没有质量。这不是我们所期望的能传递力的、能重叠的玻色子，所以一定有某种东西打破了光子场和弱场之间的对称性。

20 世纪 60 年代中期，罗伯特·布绕特、弗朗索瓦·恩格勒和彼得·希格斯分别独立地想出了相同的解决方案。他们建议保留这种电弱对称性，方法与泡利解决轻子对称性一样：增加一种新的场 / 粒子。

他们认为，在宇宙的诞生之初，在创世的摇曳之刻，电磁场和弱场是相同的，但还有第三种场隐匿在背景之中，当这种场“开启”的时候，一切都改变了。

这种场跟其他场不同，它的静态值不为 0，在任何地方都是实数。由于这种不同寻常的性质，这种场可以创造出几种不同的粒子，而不是只有一种粒子。这些量子被称为“戈德斯通玻色子”，以物理学家杰弗里·戈德斯通的名字命名。戈德斯通玻色子主要与弱场耦合。

弱场粒子就像光子一样，没有质量、没有范围，但与戈德斯通玻色子耦合之后，它们的性质就发生了变化，变成 W^+ 粒子、W^- 粒子和 Z 粒子。

我喜欢想象这样的场景：弱场小心翼翼地覆盖在这个奇怪的场上，就像墙纸贴在墙上。墙壁表面有三个凸起（戈德斯通玻色子），贯穿了薄弱的墙纸，在业余观察者看来，它们就是三种弱场粒子。

由于光子场不与这第三个场耦合，其粒子的性质保持不变，也就是我们所熟知的光子。对称性成功地破缺了——前提是你能够探测到这个奇怪的场。毫无疑问，你不能。

非零场在创世之初“开启”，存在三种不同的粒子，这个概念不仅奇异，而且无法验证，因为戈德斯通玻色子隐匿在弱场之中，是不可见的。

布绕特、恩格勒和希格斯提交了他们的想法，但被所有期刊拒绝了，其中一份期刊甚至回复说：“与物理学没有明显的关联。”[4]它在数学上很简洁，但无法验证，因此希格斯向研究团队的一名成员抱怨说：“这个夏天我发现了一些完全无用的东西。”[5]

破缺的镜子

既然我们知道这个故事有一个圆满的结局，那我们就应该仔细看看这个新场。一些文献中提到弱场粒子“吃”戈德斯通玻色子，这是怎么发生的？答案与一种粒子属性有关，这种属性看起来也是完全无用的，所以我们一直没有提到。

电荷、色荷、自旋、弱同位旋等，这些属性决定了粒子如何与不同的场相互作用。而狄拉克的量子场论预测了另一种粒子属性，叫作“手性”，它是粒子的一种属性，完全没有用。

我们可以用数学语言描述手性，但它没有明显的物理意义。我们只知道每一个粒子 / 场似乎从一种手性振荡成另一种手性，就像钟表的指针“嘀嗒嘀嗒”地来回摆动。手性有两种，我们分别称之为“左手性”和“右手性”。这并不是说粒子会像蹦迪一样在空中交替挥舞小手——尽管它们可能这样做。我们不知道。

在量子史上的大部分时间里，手性都只是在方程里从左到右来回跳跃，什么用也没有。粒子从一种手性翻转成另一种手性，然后翻转回来，之后再翻转，再回来，直到弱场出现。

1956 年，吴健雄和她的团队用钴原子做实验，以测试弱核力的对称性。无论粒子朝向哪一边，强核力和电磁力都是相同的，但吴健雄发现，弱核力打破了对称性，只有左手性的原子才激发放射性衰变。

尽管夸克这样的粒子一直有弱同位旋（弱场的属性），但只有左手性的夸克能与弱场相互作用。我们说左手性粒子有“+1个弱超荷”，右手性粒子有“0个弱超荷”，弱超荷决定了粒子是否与弱场耦合。

此时此刻，你开始觉得整个量子力学就是一堆在大爆炸期间随机分配的属性，让人感觉莫名其妙，但如果你希望物理定律变得更有条理，恐怕你就需要另找一个宇宙了。我推荐蒂姆·詹姆斯是蝙蝠侠存在的那个宇宙，如果你已经在了，请留在那里。

闭嘴嚼玻色子

我们回到Z玻色子——一个没有色荷也没有电荷的粒子。它本质上是一个光子，但有两点不同：Z玻色子有质量，左手性的Z玻色子能与弱场耦合。

Z玻色子的属性在“能与弱场耦合”及“不与弱场耦合”之间交替，因此它的弱超荷也在+1和0之间来回变换。但注意，你看谁正在从山顶向我们走来？埃米·诺特！

“你猜怎么着？”她说，“弱超荷也是守恒的。”诺特心满意足地看着自己造成的伤害，淡然离去。

按照诺特的理论，如果Z玻色子开启或关闭弱超荷，那么这个属性一定去往某处或来自某处。弱超荷是一种守恒性质，不会凭空产生或凭空消失。一定还有一个场，它能够从Z玻色子吸收弱超荷，或者向 Z 玻色子提供弱超荷。这个场就是布绕特－恩格勒－希格斯场。

每次 Z 玻色子变成左手性的时候，它就从场中吸收弱超荷（吸收一个戈德斯通玻色子）；当它翻转成右手性的时候，它就把弱超荷退还给场（释放一个戈德斯通玻色子）。

我把 Z 粒子想象成一种发条假牙玩具，它不断地开合，同时吞噬或吐出弱超荷。

下面这张费曼图表示一个 Z 粒子不断地与布绕特－恩格勒－希格斯场混合与脱离，所以当我发现一个 Z 粒子的时候，也就“在它的嘴巴里”发现了戈德斯通玻色子。

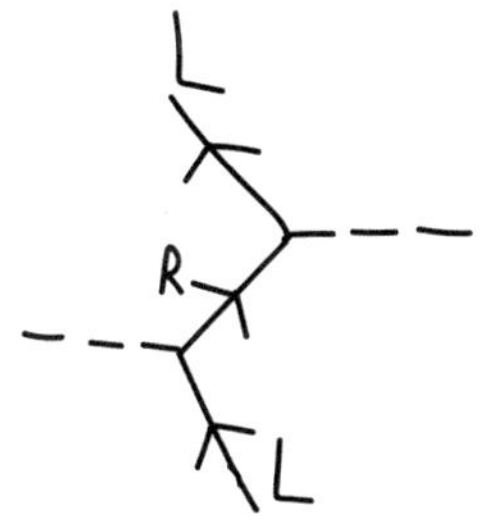

这张费曼图显示了一个 Z 粒子呈之字形运动，从左手性（L）跳到右手性（R）。它最开始处于左手性，接着翻转成右手性，并释放一个携带弱超荷的戈德斯通玻色子（见图中虚线）。它暂时处于右手性，接着翻转成左手性，并吸收了一个戈德斯通玻色子，重新获得弱超荷。如此周而复始。

谁在乎呢

当两个粒子相互作用时，它们的场就会耦合。但如果一个粒子不断地改变自己的手性，耦合就会消失。

这就好像一个 Z 粒子每隔几秒就会变换心情，从愉悦、振奋变得阴郁、古板一样。如果你想给 Z 粒子讲一个笑话，就必须抓紧时间，因为它会随时变得不苟言笑，你们的互动将不复存在。或者如果你想告诉它宠物马的死讯，也必须抓紧时间，因为你马上就会想出一个关于死马的双关语，并把笑意浮现在脸上。

当 Z 粒子翻转手性时，它变得更难与之相互作用，而这样的粒子不容易被影响。Z 粒子会像子弹穿过烟雾一样穿过周围的各种场，但不改变手性的粒子更容易受影响。

换句话说，快速翻转手性的粒子倾向于保持原来的轨迹，而缓慢翻转手性的粒子很容易偏离航程。我们只需要描述重物体和轻物体之间的区别。

光子能被反弹，是因为它没有质量；而 Z 粒子不容易被抓住，动量保持不变，这意味着它很重。手性翻转被认为是质量的来源，因此是布绕特－恩格勒－希格斯场使 Z 粒子有质量，而光子没有质量！

不仅仅是 Z 粒子。μ 子手性翻转的速度比电子更快，这意味着它更难减速，因此 μ 子比电子更重。当然，事实也是如此。

事实上，W^+ 粒子、W^- 粒子、电子、μ 子、τ 子和所有的夸克都在不断地翻转手性，这意味着它们的超荷需要通过布绕特－恩格勒－希格斯场守恒。每一种粒子都通过所谓的“汤川耦合”机制与这个场耦合，这非常合理地解释了为什么粒子一开始就有质量。你看，现在手性不是无用的了吧？

神圣的质量守恒对称性破缺，蝙蝠侠！

正如我们已经看到的，我们没有办法探测布绕特－恩格勒－希格斯场。戈德斯通玻色子允许粒子手性翻转（获得质量），它与粒子混合在一起，我们无法探测到单独的戈德斯通玻色子。

事实上，诺贝尔奖得主利昂·莱德曼写了一整本书描述自己的挫败。他原本起的书名为《该死的粒子》（*The God-damn Particle*），因为戈德斯通玻色子太难找了。可惜出版商不同意这个书名，所以莱德曼简化成《上帝粒子》(*The God Particle*),这个名字的争议就少很多。[6]

那么,当粒子总是与其他粒子混在一起时,我们要如何检测它对应的场?在这个方面,彼得·希格斯比另外两人走得更远,这也就是为什么人们开始把整个场叫作希格斯场(也许也因为更顺口)。

希格斯场与其他场都不同,因此希格斯认为它可以做一些新奇的事情:携带振荡波。其他场在空间中的每一点都有0值,但希格斯场没有,如果你给它足够的振荡,你就可以向它发送瞬时压缩,作为希格斯场中的瞬时量子被检测到。这就是希格斯玻色子。

从学术上来说,希格斯玻色子并不有趣,它只是证明了希格斯场的存在,这就是物理学家在2012年很难解释它的原因。大型强子对撞机的圆周为27千米,造价为90亿美元,并且每年还要花费10亿美元运行这台机器,大约消耗1.3太瓦❶的电力。因此如果记者非常平和地问“希格斯玻色子是做什么用的”,而你回答“它什么都做不了”,这个回答就实在是太不明智了。

---

❶ 1太瓦 $=10^{12}$ 瓦——译注

希格斯场和戈德斯通玻色子的确做了一些有趣的事情，但它们太狡诈了，所以我们必须在场中创造一个没有意义的粒子，看戈德斯通玻色子是否在那儿。希格斯玻色子并没有赋予粒子质量，但它证明粒子获得质量的理论是正确的。这就是大型强子对撞机的作用。

取一束强子（夸克组成的粒子），把它们发射到巨大的隧道之中，隧道通过电磁力使强子循环加速，就像一个巨大的离心机。这些强子的速度达到光速的 99.9%，温度比太空稍低，然后使在循环中的不同点撞击在一起，释放出的能量最终分布在整个场中。

有时你会听到这样的描述：就好像夸克撞在一起，里面的粒子掉出来。但这是不对的。夸克里没有粒子，但它们撞在一起的时候会释放巨大的能量，这些能量会转移到其他场中。撞击也产生了电子、μ 子、τ 子、中微子、反物质、胶子、光子、W 粒子、Z 粒子，如果足够幸运，就会撼动希格斯场，而我们就能从读数中看到一个微小的光点。

2012 年 7 月 4 日，这一重大发现终于在法国一个拥挤的演讲厅里被公布。演讲只用了一张 PPT，上面是漫画字体，但也毫不逊色。人们终于发现了具有希格斯玻色子预期属性的粒子。

掌声响起的时候，听众席里的彼得·希格斯开始哭泣。他 48 年的研究结束了，他的假设得到了证实。

埃米建的房子

量子场论中粒子的完整列表非常庞大。以夸克的数量为例，最开始有 6 个主要的场：上夸克、下夸克、粲夸克、奇夸克、顶夸克和底夸克，每种夸克都有 3 种可能的色荷（红、绿、蓝），因此共有 18 个粒子 / 场；接着，我们还要考虑所有的反物质夸克，加起来是 36 个，如果还要考虑左手性和右手性，那就是 72 个。

然而，大多数变种都非常像，所以与其把所有可能的粒子放在一个粒子周期表中，我们不如画一个简要的列表，如下：

<table>
<tr><th colspan="3">费米子（物质）</th><th>玻色子（力）</th></tr>
<tr><td>上夸克</td><td>粲夸克</td><td>顶夸克</td><td rowspan="4">光子胶子 × 8
W^+ 粒子
W^- 粒子
Z 粒子
希格斯玻色子</td></tr>
<tr><td>下夸克</td><td>奇夸克</td><td>底夸克</td></tr>
<tr><td>电子</td><td>μ 子</td><td>τ 子</td></tr>
<tr><td>电中微子</td><td>μ 中微子</td><td>τ 中微子</td></tr>
</table>

你所看到的，是我们把一个世纪以来的科学实

验和诺特定理的对称性结合在一起。

诺特奠定了基础，狄拉克、费曼、盖尔曼、温伯格、格拉肖、希格斯等许多人创造了这个精巧而美丽的复杂结构。

这被称为粒子物理的标准模型，因为它建立了每一种粒子以及它们之间每一种相互作用的理论模式。这是物理学的最高成就。

对一些人来说，大型强子对撞机似乎是一种浪费。但是请记住，这是一台用于测试宇宙最伟大理论的机器。量子场论和诺特定理给我们提出了最宏大的问题，因此我们创建一个最宏大的答案是理所当然的。

第15章 引力的麻烦

几乎所有

我们的现实生活美丽而复杂，这几乎都要归功于量子场论的三种力：强核力、电磁力、弱核力。

没有强核力，原子中心就没有稳定存在的原子核，质子会迅速飞散，而无法形成物质。胶子和夸克把所有东西连在一起，不然宇宙中就只剩下氢原子了。你体内的碳、氮、氧、磷、硫、钠、氯、钙和铁，事实上包括整个元素周期表中的元素，它们的存在都要归功于量子色动力学。

这些元素结合在一起，就能形成复杂的化学分子，而电子通过光子传递来交换能量，使每一个化学反应得以发生。不仅如此，你所站的地方会对你产生排斥，这是因为你脚上的电子与地球的电子能够相互施加力，而根本原因是电子和光子的相互作用。

当你推拉某物，当你感受到摩擦力和拉力，当你体验到浮力或者任何牛顿力学描述的现象时，你都是在体验光子场的电斥力。由于光的存在，你可以在第一时间看到所有这些现象，这也是光子场的作用。所有的化学、所有的经典物理、所有的光学、所有这些行为都服从量子电动力学。

接下来还有宏伟的生物学。生物学是最复杂的科学，最简单的生物学结构是由数十亿个原子组成的分子链。当 DNA 链在细胞中复制时，基因编码中的突变会把新的特征传递下去，使物种随着时间趋异和演化。这些突变有时是由复制过程中的转录错误引起的，但这不会被遗传下去。地球上生命的真正礼物是渗透到我们大气层中的放射性粒子，它们扰乱了编码的过程：太阳风和天文现象的残余物使粒子在冰冷的太空中衰变。

如果没有 W 玻色子或 Z 玻色子，这种放射性衰变就不会发生，地球上的生命就会只局限于岩池中的几十种细菌。如果没有 W 玻色子或 Z 玻色子，太阳中心的夸克就无法把质子转变成中子，核聚变就无法发生，那么太阳也就不会发光。如果没有电弱理论，宏伟壮观的生物多样性与生命的可持续发展前景就会轰然崩塌。

夸克和轻子构成了你的身体，光子、胶子和玻色子告诉它们如何反应，希格斯玻色子赋予你质量，中微子使一切保持平衡，粒子物理的标准模型和根本的量子场论解释了所有这些问题。

我们并非全知，仍然有很多有趣的问题留待解答，但量子场论给我们指出了正确的方向。诚然，我们只是在这个领域迈出了一小步，但我们不再盲目摸索。历史上的每一个事件都是粒子与场相互作用的结果，我们现在有了一个框架来解释它们。但还有一个问题是量子场论无法解决的，那就是引力。

比弱核力还弱

苹果砸在牛顿头上的故事有几分可疑。事实上他是在林肯郡看到苹果从家附近的一棵树上落下来的，这让他感到很奇怪。[1]

下落苹果所受的力，大部分可以用简单的力学来解释。树枝的折断是茎中原子重新排列的结果。当苹果在空气中移动时，它会“撞击”空气中的粒子，使自己的加速度减慢。当苹果撞在地面时，我们可以用更简单的理论来解释为什么它以某种方式着陆、翻滚和分裂。

所有这些现象都是粒子和粒子相互作用的结果，大多数都可以用 QED 和电子 - 光子理论来解决。但最开始是什么让苹果落地的呢？这才是真正的问题。

牛顿并没有创造引力。在1687年[1]以前，（人们认为）没有什么东西能飘浮在空中。牛顿意识到引力是物质本身的一种力。苹果并不像亚里士多德认为的那样，出于偏好而落地。它在下落时速度越来越快，这意味着一定有什么东西在主动拉它。

有一个简单的方法可以证明这一点：相比于从几厘米高处落地的苹果，从树上落地的苹果的冲击力更大。很明显，物体下落时间越长，速度越快。如果有什么东西使苹果速度越来越快，那么一定有什么东西给它施加了力。

牛顿的结论是，有质量（后来爱因斯坦进行了修正，把能量加入进来）的物体通过某种无形的介质相互吸引，现在我们把这种介质称为“引力场”。与弱核力、电磁力及强核力一样，引力是自然界的一种基本力。

你的直觉可能是，引力是四种力中最强的，但实际上，它比弱核力还要弱约一万亿倍。但引力仍然是一种不可忽视的力（不用谢），因为它的范围无边无际，作用于任何物体。引力非常贪婪，夸克、轻子、胶子、光子、W 玻色子、Z 玻色子和希格斯

---

[1] 这一年，牛顿的《自然哲学的数学原理》出版。——译注

玻色子都被它吸引。

强核力、弱核力与电磁力欢快地从一个粒子跳跃到另一个粒子，它们几乎没有注意到潜伏在阴影之中的引力。引力巧妙而不动声色地把各种事物连在一起，让它们没有懊悔的余地，也无法逃离，哪怕是光，哪怕是时间，都无法摆脱引力。

现在，当你坐着阅读的时候，你手上的这本书正在通过引力吸引你的脸，你的脸也在吸引这本书。你不会注意到这么小的引力，因为需要行星那么大的引力才能产生重要的效果。但你周围的一切事物都在非常缓慢地向其他一切事物坍塌。

你可以小规模地短暂地克服引力——磁铁可以轻易地把回形针从地上吸起来，但当你放眼全局，会发现引力正在把所有事物拉向地表，要克服这种引力需要付出极大的努力。

其他三种力可以通过引入在物质间移动的虚粒子来解释，因此我们也可以引入一个类似的粒子来解释引力：引力子。

然而，我们很难发现引力子，因为引力非常弱。要产生足够的能量来扰动这个场，我们需要一个星系规模的粒子对撞机。就算我们这样做了，碰撞产生的庞大能量将在撞击点形成一个黑洞，黑洞会吸入所有引力子，我们永远也看不见它们。除非我们能找到另一种探测粒子和场的方法，否则引力子将永远隐藏。

找不同

引力在许多方面与其他三种力不同。引力与这三种力之间有一点不对称（就像电磁力与弱核力彼此有一点不对称），而且它是物理学中无可争议的卡西莫多[1]。下面是我们谈到引力时遇到的麻烦。

1. 引力比其他三种力更弱，相差的量非常惊人。其他三种力的强度相当于在一根绳子上插大头针，我们可以把它们都放在1厘米之内，因为它们的力量是相当的。而引力的大头针应该放在仙女座星系的某个地方。[2]

2. 利用量子场论，我们可以预测真空中包含多少能量（把所有虚粒子加在一起）。真空中的总能量

---

[1] 引力很特殊，在物理学家眼里很突兀、不美观，犹如卡西莫多。——译注

[2] 比如说电磁力的大小是1N，强核力的大小是1.01N，弱核力的大小是0.99N，而引力的大小是0.0000000001N。若在一条线上，前三个力相隔非常近，而引力与其他三个力相隔非常非常远。——译注

大约相当于 10^{105} 焦耳每立方厘米，然而我们通过观测星系中引力的作用，实际测量到的能量是 10^{-15} 焦耳每立方厘米。量子场论的预测值与引力场的测量值相差几亿万万倍。我们已经知道，量子场论“自诩”是所有科学中最精确的预测，可一旦把引力纳入其中，它就成了科学中最糟糕的预测。

3. 费米子（夸克、电子和中微子等物质粒子）的特征之一是占据空间。这种特性叫“泡利不相容原理”，它是一种粒子属性，即粒子的能量和位置是独有的。费米子竭尽所能地保持分离，但当黑洞中有足够的引力时，粒子就会被强行压在一起。在量子场论中，泡利不相容原理是不可违背的，而引力理论很轻易地打破了这一点。

4. 爱因斯坦的广义相对论描述了引力的原理，它涉及能量、质量、时间、光和空间。官方记录表明，爱因斯坦在 1916 年提出这一理论，但很少有人知道，他在 1912 年就提出了这个方程，只是悄悄地舍弃了它，[2] 原因也许是他觉得这是错的。

广义相对论描述了物体周围时空弯曲而产生的畸变，我们视之为“引力”。这个理论与实验完美贴合。广义相对论基于一个关键的假设：空间中每一点都是平滑的，并且有一个明确的值。然而，在量子力学中，海森堡不确定性原理认为这是不可能的。所有场和粒子都在振动，这意味着任何东西都不可能是光滑的。引力子必须遵循海森堡不确定性原理，但引力本身显然不遵循。

5. 其他三种力的场坐落在真空的背景之下，粒子可以被挤出，但场的形状遵从可感知的几何形状。然而在广义相对论中，空间可以弯曲。

那些已经习惯了沿直线运动的粒子，突然发现自己周围的空间改变了形状后会有何反应，我们无法解释这将如何影响它们。我们可以用引力解释一大堆粒子的情况，但很难计算单个粒子的引力。

引力不只是家庭聚会里那个不合群的孩子，它还是个从背后踢人、朝电视撒尿的恶霸。在不考虑引力的时候，量子场论运行良好，但就在我们考虑引力的时候，一切轰然崩塌。这可能是有史以来最糟心的事情。

知识之树

地表附近的每一个物体都被引力拉向地球。牛顿意识到同样的力也作用于宇宙中的太阳、月亮和所有行星，因为引力是一种普遍规律（万有引力），一视同仁地作用于万物。多亏了牛顿，我们才能用一个简单的解释把两个明显不同的现实领域联系在一起。

几个世纪后，爱因斯坦发现能量是同一框架的一部分，并将这些纳入相对论。这再一次证明，物理学的两个分支通过原本隐藏的关系联系在一起。

同时，迈克尔·法拉第发现，被认为各自独立的电场和磁场是同一个场的不同方面，这给了我们一个包含电、磁、光的统一解释。

接下来，量子物理学家接受了电磁理论，把它与粒子物理联系起来，催生了量子电动力学。然后，他们又把量子电动力学与放射性、弱核力结合起来，得出了电弱理论。

同样的事情一遍又一遍发生。我们从知识之途的不同地方出发，这些起点似乎毫无关联，但我们在这些路径上得到了合乎逻辑的结论，发现了这些不相关的理论之间的联系，就像树上的细枝连在一起，形成大树枝。我们越研究宇宙，发现这些联系就越多。

目前，我们的知识之树是一个理论网络，它有三根主要的大树枝。第一个是广义相对论，可以解释天文学、宇宙学和引力；第二个是电弱理论，可以解释质量、光、放射性、经典力和化学；第三个是量子色动力学，可以解释原子核。我们很快就要把后两者结合起来了。

我们正在寻找巧妙的方法，把电弱理论和量子色动力学结合起来，得到“大统一理论”，或者叫GUT。它可以解释整个标准模型。

如果我们能成功设计出GUT，就可以用两根大树枝解释物理学中的一切：广义相对论解释引力，完整的量子场论解释引力之外的全部。我们最终能拼成一个完整的树干吗？有没有一个单独的万有理论可以解释引力和量子力之间的矛盾？我们不知道，但我们肯定会尝试。

起点

一个世纪以前，我们认为自己找到了答案。量子力学教我们保持谦逊。与其说科学正在走向尽头，不如说一切才刚刚开始，这是个令人兴奋的理由。我们面临艰巨的任务，但我们在如此短的时间内就取得了巨大的进展，我因此怀有强烈的希望。

人类不仅生来就有求知欲，还有能获取知识的大脑。我们不喜欢听到“没有人知道”，我们决心要找出人类在宏伟蓝图中的位置。这就是为什么我们从不放弃回答问题和质疑答案。宇宙的复杂可能超出我们的想象，但既然我们能理解量子力学，谁知道我们还能做什么呢？

为此，也为了其他原因，我真诚地相信，科学将拯救人类。

量子力学和粒子物理年表

科学很少是线性发展的。有时，我们创造的理论验证了几年前我们偶然做出的预测，但当时我们并不知道自己在做什么。目前我们具有优势，可以以拼图的方式把故事拼在一起，但在这个过程中，我们会损害历史的准确性。

在本书中，为了使复杂的话题更简单，我把重点放在讲故事上。为此我不得不偶尔违背时间顺序。在这里，为了更真实，我列了一个更精确的年表。

1618 年　笛卡尔提出光是实空中的波。

1672 年　牛顿提出光由微粒构成。

1801 年　托马斯·杨的双缝实验表明光由波构成。

1846 年　法拉第推测光是一种电磁波。

1861 年　麦克斯韦证明法拉第是对的。

1897 年　J. J. 汤姆孙发现电子。

1899 年　卢瑟福发现放射性由粒子构成。

1900 年　普朗克发明光量子。

1905 年　爱因斯坦证明物质由原子构成。证明光由光子构成。发表了狭义相对论。为生日买了蛋糕。

1908 年 卢瑟福发现原子核。

1912 年 爱因斯坦发现广义相对论，但没有告诉任何人。

1913 年 玻尔发现原子壳层中的电子能是量子化的。

1915 年 诺特提出诺特定理。女性力量崛起。

1916 年 爱因斯坦重新发现广义相对论，人们对此了解到更多。

1917 年 卢瑟福发现质子。

1922 年 施特恩－格拉赫实验进行。不合理。

1924 年 德布罗意提出波粒二象性。

1926 年 薛定谔写下波动方程。

1927 年 泡利采纳薛定谔方程，并加入“自旋”。

1927 年 海森堡发现不确定性原理。

1927 年 乔治·汤姆孙表示电子可以像波一样衍射。

1927 年 德布罗意提出导波诠释。

1928 年 狄拉克提出量子场论。

1930 年 海森堡概括了哥本哈根诠释。爱因斯坦不高兴。

1930 年 泡利提出中微子的存在。

1932 年 冯·诺依曼试图找出波函数坍缩的源头，一无所获。

1932 年 卡尔·安德森发现正电子。

1933 年 费曼提出弱场。

1935 年 薛定谔提出我们杀死了/没杀死一只猫。

1935 年 汤川秀树提出用强核力解释原子核的稳定性。

1935 年 爱因斯坦、波多尔斯基和罗森提出一种佯谬（EPR 佯谬）。

1936 年 μ 子被发现。

1939 年 蝙蝠侠这一形象诞生。

1947 年 π 介子被发现。

1947 年 K 介子被发现，举止怪异。

1949 年 费曼、施温格和朝永振一郎创造了成功的量子电动力学（QED）。

1952 年 玻姆详述导波诠释。

1956 年 电中微子最终被发现。

1956 年 吴健雄发现弱场在手性上是不对称的（并因此得出了弱超荷）。

1957 年 埃弗莱特提出多世界诠释。

1961 年 维格纳提出意识可以引起波函数坍缩。

1962 年 μ 中微子被发现。

1964 年 约翰·斯图尔特·贝尔提出一种验证 EPR 佯谬的方法。

1964 年 盖尔曼概述了量子色动力学（QCD），引入了上夸克、下夸克和奇夸克。

1964 年 谢尔顿·格拉肖提出粲夸克，原因很明显。

1964 年 布绕特、恩格勒和希格斯提出一种新场来解释质量。

1968 年 上夸克、下夸克和奇夸克被发现。

1968 年 温伯格、萨拉姆和格拉肖完成了电弱理论。

1971 年 哈菲尔、基廷与“钟先生”验证相对论。

1973 年 小林诚提出顶夸克和底夸克。

1973 年 Z 玻色子被发现。

1974 年 粲夸克被发现。

1974 年 τ 子被发现。

1974 年 τ 中微子被发现。

1977 年 底夸克被发现。

1982 年 阿兰·阿斯佩成功做了贝尔实验，证明经典物理无法解释纠缠。

1983 年 W^+ 玻色子和 W^- 玻色子被发现。

1986 年 约翰·克拉默提出交易诠释。

1993 年 佩雷斯、伍斯特和贝内特提出量子隐形传态。

1994 年 外村彰做了单电子双缝实验，确凿无疑地证明粒子与自身发生干涉。

1995 年 顶夸克被发现。

1998 年 大型强子对撞机开始建造。

1999 年 金允浩建造了第一个延迟选择量子擦除实验，清晰地表明了时间后退量子纠缠。大概是给 1986 年的克拉默发送了信息。

2005 年 伊夫·库德给出了一些证据，也许可以证实德布罗意－玻姆诠释。

2008 年 大型强子对撞机首次启动。

2012 年 大型强子对撞机发现希格斯玻色子。

2014 年 阿龙·奥康奈尔首次让经典物体处于量子叠加态。

2015 年 托马斯·玻尔可能推翻了德布罗意－玻姆诠释。

2017 年 潘建伟实现了破纪录的量子隐形传态。

2017 年 大卫·利兹偶然使细菌与一束激光纠缠。

2018 年 迈克尔·范纳创造了量子鼓。

附录

附录 I：近距离看自旋

自旋是“普朗克常数”的量子化倍数。普朗克常数等于一个粒子的能量除以它的频率，它的值总是恒定的：6.6×10^{-34} J·s。粒子的自旋可以是普朗克常数的半整数倍或整数倍，即 1/2 普朗克常数，1 普朗克常数，3/2 普朗克常数，2 普朗克常数，5/2 普朗克常数等，它既可以取正数，也可以取负数[1]。

半整数自旋的粒子叫“费米子”，整数自旋的粒子叫“玻色子”，它们的行为非常不同（实例参阅第 14 章）。尽管所有粒子都有自旋，但并非所有粒子都有磁性。

“磁矩”是关于粒子磁性的术语。磁矩决定了粒子磁场的强度，它的公式如下：

$$\mu = g\frac{e}{2Mc}S$$

其中，μ 表示粒子的磁矩，它相当于“磁荷”。g 表示朗德 g 因子，每个粒子的数值都是特定的。

---

[1] 这一段有两处疏忽。第一，自旋并不是“普朗克常数”的量子化倍数，而是“约化普朗克常数”的量子化倍数。普朗克常数 h 等于粒子的能量除以频率，值为 6.6×10^{-34} J·s；而约化普朗克常数 $\hbar$ 等于 h/2π。“约化普朗克常数”更常用，因此经常被简化为“普朗克常数”，但读者需要知道二者是不同的。第二，自旋也可以是 0 倍的普朗克常数，即希格斯玻色子的自旋为 0。——译注

e 表示电荷，M 表示质量，c 表示宇宙极限速度（参阅第 8 章）。S 表示自旋矩阵，这是一个 2 × 2 的数字网格，用于追踪粒子自旋的不同方式。

对于日常生活中的物体，我们可以用“角动量”来定义它的自旋，角动量可以衡量粒子的重量、自旋速度和旋转方向（顺时针或逆时针）。而对于量子力学中的自旋，这些数字是不够的，我们必须用四个可能的指向来描述它（我们称为自旋的四维矢）。有时自旋被称为“内禀角动量”，因为这是一种类似于角动量的性质，即使粒子处于静止状态，它也包含这部分特性。

这个方程表明，粒子的磁矩是它所有属性共同作用的结果。在施特恩 - 格拉赫实验中，他们实际测量的是银原子的磁矩，但由于每个粒子的质量、电荷与 g 都是特定的，所以原子飞行的两个方向必然是 S（自旋属性）的结果。所以，尽管这个实验没有直接测量每个粒子的自旋（我们无法直接测量，因为我们甚至不知道自旋是什么样子），但我们可以通过磁性测量自旋的差异。

同样重要的还有，要使粒子具有磁性，它必须具有自旋和电荷。有自旋而无电荷的粒子，比如有 1/2 自旋而无电荷的中微子（第 14 章中讨论的粒子），在上述方程中 e=0，所以整个方程的结果也是 0。电荷与磁性息息相关，有电荷的粒子一定有磁性，反之亦然。

附录Ⅱ：求解薛定谔

求解单个质子（氢原子）周围的单个电子的薛定谔方程是可行的。然而，一旦考虑多个电子，它就会变得非常困难。

氦原子有两个质子和两个电子，所以你需要考虑每个电子与其中一个质子的相互作用、每个电子与另一个质子的相互作用、两个电子的相互作用、两个质子的相互作用，然后把所有这些结合起来。而且是在三维空间中将其结合起来。

原子或分子越大，我们需要处理的相互作用就越多，到最后即使强大的计算机也很难做到面面俱到。因此，在求和中使用几个近似值是理所当然的，这既节省了时间，又能给出近乎完整的薛定谔解。

我们经常使用的一种方法叫“轨道近似”。你可以想象原子中只有一个电子，我们给它提供更高的能量，迫使它进入高能轨道。

例如，当我们试图计算有 26 个电子的原子形状时，我们通常把它想象成一个氢原子，其电子能量是普通氢原子的 26 倍，这样看起来非常接近。

这就像是一个小孩通过踩高跷和穿大号衣服来模仿成年人。这个画面并不确切，但要感受“更大的版本是什么样子”，这是个很合适的方法。

我们使用的另一种方法叫“玻恩－奥本海默近似”，

也就是假设原子核的能量与振动相比于电子非常缓慢，可以忽略不计。我们想象电子绕着一个带正电的点盘旋或波动，该点本身不值得一提。这让我们可以专注于电子以及电子之间的相互作用，而不考虑原子核对电子的影响。

但毫无疑问，薛定谔方程最好的近似解是“密度泛函理论”，由沃尔特·科恩和约翰·波普尔发明，他们因此获得了 1998 年的诺贝尔奖。

密度泛函理论（学术圈的人称之为 DFT）是一种求解含大量粒子的分子波函数的漂亮方法。DFT 并不是把每个粒子建模成单独的点，然后一次性计算它们的相互作用，而是把大糊块中的所有电子表示成一个“电子云”。

只要把所有电子弄得模糊不清，然后计算电子密度的“厚度”，你就可以谈论原子或分子在一段时间内的行为。电子云最厚的地方对应着电子最可能出现的地方，而电子云最薄的地方就是电子很少被观察到的地方。

小分子的 DFT 计算可以在几小时内完成，准确率通常超过 90%。与严格求解薛定谔方程（计算大分子需要几年）相比，DFT 已经成为量子计算的行业标准。

附录Ⅲ：爱因斯坦的自行车

下面这个简单的设想阐明了光速的恒定，它来自科学作家和电视主持人卡尔·萨根。卡尔·萨根设想了这样一个场景：一个人骑着自行车沿公路向你而来，突然一辆大卡车横穿公路，双方急忙转向。

卡车并非朝你驶来，所以来自卡车侧面的光以正常的光速接近你，物理学家用字母 c 表示这个常数。骑手朝向你骑车，因此来自自行车的光接近你的速度是“c+ 自行车速”。这意味着来自自行车的光比来自卡车的光先到达你的眼睛。

当卡车从骑手面前冲过，骑手会转向一边，来自骑手新位置的光会率先抵达你的眼睛（告诉你他移动了），然后很快你看到了来自横穿公路的卡车的光。

如果光速不是恒定的，你会看到自行车毫无理由地转向（来自卡车的光尚未抵达），接着几秒后卡车从它后面驶过。在这种情况下，你会很奇怪为什么骑手会提前几秒转弯。当然，事实并非如此。

来自卡车的光与来自突然转向的自行车的光同时到达你的眼睛，这听起来才是一个更合理的故事。但由于自行车向你移动的速度更快，它的光线按说应该率先抵达。唯一的解释是，来自自行车的光速并不是“c+ 自行车速”，而是 c，与来自卡车的光相同。因此，无论每个人走得多快，光速一定总是相同的。

附录Ⅳ：驯服无限

理论物理学的许多问题都来自无限。以双缝实验为例，我们可以在墙上打两个孔，然后发射一个光子，通过结合两条可能的路径来计算它可能到达的位置。

如果你在墙上打第三个孔，情况也差不多。你计算光子的三条路径（而不是两条），然后计算这三条路径的可能结果。4 个孔同理，40 个孔、400 个孔也差不多。但最终你会发现墙上有许多孔，以至于它不再是一面墙壁，而成了一个大的空洞。

这意味着我们必须计算光子的无限多的路径，因为墙上有无限多的孔（没有墙 = 无限多的孔）。如果没有墙，我们直接把光子照射在探测屏上，显然光子就会走直线。这就好像光子“嗅出了”（费曼的说法）无限种可能的路径，然后它选择了经典的路线 —— 就好像无限以某种方式被抵消了。

QED 另一个棘手的问题是粒子与自身的相互作用。电子带负电荷，这意味着它与其他带负电荷的粒子相互作用。严格意义上来说，因为电子是带电的，所以它会与自身相互作用；但由于电子与自身无限靠近，当我们尝试计算其相互作用时，这种自身的相互作用会给出无限的答案。

这两个例子真让人头疼，因此无限并不是物理学中真正的东西。它存在于抽象的数学世界，而真正的宇宙没有无限（宇宙不可能容纳无限），所以当理论预测了无限的答案后，这意味着理论一定有问题。

当方程开始趋于无限时，科学家称为“发散”，许多物理学家都在努力消除这些数字爆炸。通常的方法是通过修改方程、推导新方程或改变输入值，得到更合理的答案。

一种比较笨拙也极其粗糙的方法是在数字变得太大时直接砍掉它（这种方法叫正规化）。这种方法比对着方程哭泣并忽略它好不了多少。

还有一种更复杂的方法叫“重整化”。这个方法是为场选择属性（主要是根据猜测），用这些值求解一系列不同的方程，直到与答案相匹配。被纳入的细节越多，计算值就越接近实验结果。

这个数学表达式相当于通过许多目击者的描述合成一幅罪犯的素描。你要先做一些假设，例如罪犯的面部结构，然后让许多不同的目击者据此推断，从相同的起点创建不同的草图，然后看是否匹配。

如果这些草图相当精准，你就可以查看某个已知罪犯的照片（真实世界的值）。如果匹配，那么你刚开始的假设和绘图方法是有效的，否则你就要退回去，用不同的假设和不同的绘图方法重新开始，一遍又一遍，直到最终成功。老实说这是一种试错，但它的确有效。

附录Ⅴ：用夸克的所有颜色作画

当你看到物体的颜色时，实际上看到的是电磁场的扰动。原子、分子与一定能量的电子保持和谐，这个能量相当于光子被吸收或被反射的能量。

高能光子打在你的眼睛上，大脑会把它解释成紫色；低能光子打在你的眼睛上，大脑会把它解释成红色。

从这个角度来看，基本粒子没有实际的外观，只有它们激发的光子才有。这个画面很难描述，因为根据我们的经验，大多数物体都有颜色。你画一个网球，在一个很幼稚的层面上它的表面呈绿色，但实际上这意味着网球表面的电子通过光子场传递能量，其能量值被你的大脑解释成绿色。

夸克确实把能量转移到光子场（它们带有电荷），但这些能量太高了，我们的眼睛看不到。夸克实际的“颜色”与X射线或γ射线的“颜色”相同，对我们来说是不可见的。

同样的道理也适用于在空间中移动的单个电子。除非粒子真的与什么东西相撞，或者被原子捕获而失去能量（以光子的形式释放能量），否则我们永远看不到它靠近或远离。

水中移动的电子会发出蓝光（这种现象叫契伦科夫辐射），而空气中的电子更多呈紫色（闪电的颜色），雪地上的电子更多呈粉色或绿色。但不管怎样，原子核及原子核内的夸克、质子和中子，是人眼完全无法看到的。

致谢

14 岁的时候，我的科学老师埃文斯先生给了我一本量子力学的教科书，我很快就爱上了这个话题，并一直想要写一本关于它的书。本书是真正出于爱好的成果，我想感谢那些帮助我实现成为“书”呆子梦想的人。

首先，我要感谢布里安·凯利（她可能比我更爱科学）。在构思本书的过程中，她起到了至关重要的作用。她对那些不太好的地方提供了批判性的反馈，帮助我找到正确的基调，使最终的作品读起来很有趣。

我要感谢我的伙伴卡尔·迪克松，他是我所认识的最好的作家。他给了我许多关于写作风格的宝贵笔记，帮我调整了许多笑话，让我在整个写作过程中都很开心——哪怕是我不想笑的时候。

感谢“大力神”佩蒂特，他对开头几章做了关键的调整和润色，让我没有被前后矛盾、含糊其词的解释搞得神志不清。感谢你，我的朋友！

感谢马库斯·洛夫和菲尔·帕维特确保我的物理学是准确的，使我的类比没有偏离事实。

感谢贝姬在我撰写这个充满激情的项目时对我保持无限的耐心，让我按照正确的方式去做。

感谢我勇敢的经纪人珍·克里斯蒂帮我推销这本书，并再一次给了我机会。

感谢出版社的每一个人帮我完成这本书，更要感谢他们让我毫不费力地就完成了这本书：感谢邓肯·普劳德福特信任我写这样一个野心勃勃的话题；感谢阿曼达·济慈协调了编辑的繁重任务；感谢我的宣传员贝丝·赖特帮助宣传这本书；感谢安迪·海因和凯特·希伯特磋商所有国际事务；还要特别感谢我的编辑霍华德·沃森，他对细节的关注是无与伦比的。与你们一起工作是我的荣幸。

我要感谢几位作家，他们的书对我的写作是不可或缺的。尽管我没有见过他们本人，但我要感谢哈根·克莱纳特，汤姆·兰卡斯特，斯蒂芬·布伦德尔，大卫董，安东尼·泽伊和伦纳德·苏斯金德，他们帮助我理解了我以前不理解的东西，也让我对以前的理解变得更有信心。

我还要感谢卡莉·雷·杰普森为我提供了写作时听的音乐。

感谢清水正史为我提供了作为科学家和作家的灵感。

感谢我的父亲保罗一直相信我。最重要的是，感谢每一位买了我第一本书的人，这是我写第二本书的主要原因。来自朋友、家人、学生和陌生人的支持不容忽视。我希望能再为你们做一次。

注释

引言　尽头

1. R. P. Feynman, *QED: The Strange Theory of Light and Matter* (London: Penguin, 1985).
2. S. Giles, *Theorising Modernism: Essays in Critical Theory* (London: Routledge, 1993).

第 1 章　容“光”焕发

1. A. Marmodoro, *Aristotle on Perceiving Objects* (Oxford: Oxford University Press, 2014).
2. J. Gribbin and M. Gribbin, *Science: A History in 100 Experiments* (London: William Collins, 2016).
3. E. Zalta, *Stanford Encyclopedia of Philosophy* (22 August 2017)，链接：https://plato.stanford.edu/entries/descartes-physics/ (访问于 2018 年 12 月 15 日).
4. I. Newton, *Opticks* (1704; republished New York: Dover Publications, 1952).
5. A. Robinson, *The Last Man Who Knew Everything* (London: Oneworld Publications, 2006).
6. P. Ehrenfest, ‘On the Necessity of Quanta’ (1911), trans. L. Navarro and E. Perez, *Arch. Hist. Exact Sci.*, vol. 58 (2004), pp. 97–141.
7. A. Lightman, *The Discoveries* (New York: Vintage, 2006).

8. E. Cartmell and G. Fowles, *Valency and Molecular Structure* (fourth edition, London: Butterworths, 1977).

第 2 章　星星点点

1. F. Swain, *The Universe Next Door* (London: John Murray, 2017).
2. G. Lewis, 'The Conservation of Photons', *Nature*, vol. 118, no. 2981 (1926), pp. 874–5.
3. A. Howie, 'Akira Tonomura (1941–2012)', *Nature*, vol. 486, no. 7403 (2012), pp. 324.
4. N. Blaedal, *Harmony and Unity: The Life of Niels Bohr* (Lexington: Plunkett Lake Press, 2017).
5. B. Franklin, 'Experiments and Observations on Electricity', *Pennsylvania Gazette* (19 October 1752).
6. J. J. Thomson, *Recollections and Reflections* (London: G. Bell and Sons, 1936).
7. I. Asimov, *Words of Science* (London: Harrap, 1974).

第 3 章　贵族、炸弹和花粉

1. E. Wollan and L. Borst, 'Physics Section III Monthly Report for the Period Ending December 31, 1944', *Oak Ridge, Tennessee Clinton Laboratories, Metallurgical Report,* no. M-CP-2222 (1945).
2. S. Eibenberger et al., 'Matter-wave Interference with Particles Selected from a Molecular Library Masses Exceeding 10,000 amu', *Phys. Chem. Chem. Phys.*, vol. 15 (2013), pp. 14696–700.

3. D. Cassidy, 'The Sad Story of Heisenberg's Doctoral Oral Exam', *APS News*, vol. 7, no. 1 (1998).
4. J. Gribbin, *In Search of Schrödinger's Cat* (London: Transworld, 1984).
5. D. Charles, 'Heisenberg's Principles Kept Bomb From Nazis', *New Scientist,* no. 1837 (1992).
6. J. Glanz, 'Letter May Solve Nazi A-Bomb Mystery', *New York Times* (7 January 2002).
7. G. Blazeski, 'The Nazis were harassing Heisenberg, so his mother called Himmler's mom & asked her if she would please tell the SS to give her son a break', *Vintage News* (8 April 2017), 链接：https://www.thevintagenews.com/2017/04/08/the-nazis-wereharassing-heisenberg-so-his-mother-called-himmlers-mom-asked-her-if-she-would-please-tell-the-ss-to-give-her-son-a-break/（访问于 2018 年 12 月 15 日）.
8. M. Gladwell, 'No Mercy', *New Yorker* (4 September 2006).
9. A. Trabesinger, 'The Path to Agreement', *Nature Physics*, vol. 4, no. 349 (2008).
10. D. Kevles, *The Physicists: The History of a Scientific Community in Modern America* (Cambridge, MA: Harvard University Press, 1995).
11. W. Heisenberg, *Physics and Beyond: Encounters and Conversations* (London: G. Allen & Unwin, 1971).

第 4 章 驯服野兽

1. Moore, *Schrödinger.*
2. E. Schrödinger, 'An Undulating Theory of the Mechanics of

Atoms and Molecules', *Physical Review*, vol. 28, no. 6 (1926).
3. Moore, *Schrödinger*.
4. M. Brooks, *The Quantum Astrologer's Handbook* (Brunswick: Scribe, 2017).
5. Narcotics Anonymous, *World Service Conference of Narcotics Anonymous* (November 1981), 链接：https://web.archive.org/web/20121202030403/http://www.anonymifoundation.org/uploads/NA_Approval_Form_Scan.pdf (访问于 2018 年 12 月 15 日).
6. N. Camus et al., 'Experimental Evidence for Quantum Tunnelling Time', *Phys. Rev. Lett.*, vol. 119 (2017), pp. 23201.

第 5 章　事情变得更加奇怪……又一次

1. W. Gerlach and O. Stern, 'Der Experimentelle Nachweis der Richtungsquanteling im Magnetfeld', *Z. fur Physik*, vol. 9 (1922), pp. 349–52.

第 6 章　盒子与猫

1. R. Kastern, *The Transactional Interpretation of Quantum Mechanics* (Cambridge: Cambridge University Press, 2012).
2. N. D. Mermin, 'What's Wrong with this Pillow?', *Physics Today*, vol. 42, no. 4 (1989).
3. I. Born, *The Born–Einstein Letters* (New York: Walker and Company, 1971).
4. W. Heisenberg, *Physics and Beyond*, trans. A. Pomerans (New York: Harper and Row, 1971).
5. D. Lindley, *Where Does the Weirdness Go?* (New York:

Vintage, 1997).

6. 来自薛定谔女儿 Ruth Braunizer 的回忆录，标题是 "Memories of Dublin"。出自 G. Holfter (ed.), *German Speaking Exiles in Ireland 1933–1945* (Amsterdam: Rodopi, 2006).
7. C. McDonnell, 'Schrödinger's Cat', *GITC Review*, vol. 13, no. 1 (2014).

第 7 章　世界是一场幻觉

1. J. von Neumann, *Mathematical Foundations of Quantum Mechanics,* trans. R. Bayer (Princeton: Princeton University Press, 1955).
2. E. Wigner, 'Remarks on the Mind-Body Question', in I. J. Good (ed.), *The Scientist Speculates* (London: Heinemann, 1961).

第 8 章　量子必须死

1. A. Einstein, B. Podolsky and N. Rosen, 'Can Quantum Mechanical Description of Reality be Considered Complete?', *Phys. Rev.*, vol. 47 (1935).
2. E. Schrödinger, 'Discussion of Probability Relations Between Separated Systems', *Math. Proc. of the Cam. Phil. Soc.*, vol. 31, no. 4 (1935), pp. 555–63.
3. J. E. Haynes, H. Klehr and A. Vassiliev, *Spies: The Rise and Fall of the KGB in America* (New Haven and London: Yale University Press, 2009).
4. A. Whitaker, *John Stewart Bell and Twentieth-Century Physics* (Oxford: Oxford University Press, 2016).
5. A. Aspect, P. Grainger and G. Roger, 'Experimental Realization

of Einstein–Podolsky–Rosen–Bohm Gedankenexperiment: A New Violation of Bell's Inequalities', *Phys. Rev. Lett.*, vol. 49, no. 2 (1982), pp. 91–4.

第 9 章　瞬间移动、时间机器和快速转动

1. R. Ji-Gang et al., 'Ground to Satellite Quantum Teleportation', *Nature*, vol. 549, no. 7670 (2017), pp. 70–3.
2. X. S. Ma et al., 'Quantum Teleportation Over 143 Kilometers Using Active Feed-forward', *Nature*, vol. 489, no. 7415 (2012), pp. 269–73.
3. C. Bennett et al., 'Teleporting an Unknown Quantum State via Dual Classical and Einstein–Podolsky–Rosen Channels', *Phys. Rev. Lett.*, vol. 70, no. 13 (1993), pp. 1895–9.
4. P. Ball, 'Quantum Teleportation is Even Weirder Than You Think', *Nature Column: Muse* (20 July 2017).
5. Y. H. Kim et al., 'A Delayed Choice Quantum Eraser', *Phys. Rev. Lett.*, vol. 84 (2000), pp. 1–5.
6. C. Marletto et al., 'Entanglement Between Living Bacteria and Quantized Light Witnessed by Rabi Splitting', *Journal of Phys. Comm.*, vol. 2, no. 40 (2018).

第 10 章　量子力学证明我是蝙蝠侠

1. W. Keepin, 'Lifework of David Bohm' (11 March 2008), 链接：http://www.vision.net.au/~apaterson/science/david_bohm.htm (访问于 2018 年 12 月 15 日).
2. Y. Couder et al., 'Walking Droplets: a Form of Wave-particle Duality at Macroscopic Level?', *Europhys. News*, vol. 41, no.

1 (2010), pp. 14–18.

3. J. Bush et al., 'Walking Droplets Interacting with Single and Double Slits', *J. Fluid Mech.*, vol. 835 (2018), pp. 1136–56; T. Bohr et al., 'Double Slit Experiment with Single Wave-driven Particles and Its Relation to Quantum Mechanics', *Phys. Rev. E.*, vol. 92 (2015).
4. J. Cramer, 'The Transactional Interpretation of Quantum Mechanics and Quantum Nonlocality' (2015), 链接：https://arxiv.org/pdf/1503.00039.pdf（访问于 2018 年 12 月 15 日）.
5. D. Deutsch, *The Beginning of Infinity* (London: Penguin, 2012).
6. F. Tipler, *The Physics of Immortality* (New York: Bantam Doubleday Dell Publishing Group, 2000).
7. P. Byrne, *The Many Worlds of Hugh Everett III: Multiple Universes, Mutual Assured Destruction and the Meltdown of a Nuclear Family* (Oxford: Oxford University Press, 2010).
8. P. Ball, 'Experts Still Split about What Quantum Theory Means', *Nature News* (11 January 2013). 原始投票见：https://arxiv.org/pdf/1301.1069.pdf（访问于 2018 年 12 月 15 日）.
9. I. Asimov, 'Science and the Bible', interview with Prof. Asimov conducted by P. Kurtz in *Free Enquiry*, Spring (1982).

第 11 章　走入歧途

1. I. Asimov, *New Guide to Science* (Harmondsworth: Penguin Press Science, 1993).
2. G. Farmelo, *The Strangest Man: The Hidden Life of Paul Dirac, Quantum Genius* (London: Faber and Faber, 2009).

3. P. Dirac, *Lectures on Quantum Mechanics* (New York: Dover Publications, 2001).

第 12 章 直线和波浪线

1. C. Sykes, *No Ordinary Genius* (London: W. W. Norton & Company, 1994).
2. J. Gleick, *Genius* (London: Little, Brown, 1992).
3. Letter from Robert Oppenheimer addressed to Robert Birge, dated 4 November 1943.
4. R. Leighton, *Surely You're Joking, Mr Feynman* (Princeton: Princeton University Press, 1985).
5. A. Zee, *Quantum Field Theory in a Nutshell* (Princeton: Princeton University Press, 2010).
6. Sykes, *No Ordinary Genius*.
7. M. Nio et al., 'Complete Tenth-order QED Contribution to the Muon g-2' (2012), 链接：https://arxiv.org/abs/1205.5370 (访问于 2018 年 12 月 15 日).
8. T. Lancaster and S. Blundell, *Quantum Field Theory for the Gifted Amateur* (Oxford: Oxford University Press, 2015).
9. R. P. Feynman, 'The Theory of Positrons', *Phys. Rev*., vol. 76 (1949).
10. C. D. Anderson, 'The Positive Electron', *Phys. Rev*., vol. 43 (1933).
11. D. Dooling, 'Reaching for the Stars', *Science at NASA* (12 April 1999), 链接：https://science.nasa.gov/science-news/science-atnasa/1999/prop12apr99_1 (访问于 2018 年 12 月 15 日).

12. W. Bertsche et al., 'Confi nement of Antihydrogen for 1,000 seconds', *Nature Phys.*, vol. 7, no. 7 (2011), pp. 558–64.

第 13 章　粒子物理的创立

1. Author Unknown, 'Who Ordered That?', *Nature Editorial*, vol. 531 (2016), pp. 139–40.
2. M. L. Perl et al., 'Evidence for Anomaloys Lepton Production in e+ e– Annihilation', *Phys. Rev. Lett.,* vol. 35, no. 22 (1975).
3. R. P. Feynman, *QED: The Strange Theory of Light and Matter* (London: Penguin, 1985).
4. M. Kaku, 'Beauty Is Truth', *Forbes Magazine* (7 October 2008).
5. L. Lederman, 'Neutrino Physics', Lecture given on 9 January 1963, *Brookhaven Lecture Series on Unity of Science*, BNL 787, no. 23.
6. Interview with Gell-Mann, 链接：https://www.youtube.com/watch?v=po-SQ33Kn6U (访问于 2018 年 12 月 15 日).
7. F. Wilczek, 'Time's (Almost) Reversible Arrow', *Quanta Magazine* (7 January 2016).
8. M. E. Peskin and D. V. Schoeder, *An Introduction to Quantum Field Theory* (Boston: Addison-Wesley, 1995).

第 14 章　亲爱的，我的希格斯在哪儿

1. K. Jepsen, 'Famous Higgs Analogy, Illustrated', *Symmetry Magazine* (9 June 2013).
2. J. W. Brewer and M. K. Smith, *Emmy Noether: A Tribute to Her Life and Work* (New York: Marcel Dekker Inc., 1981).

3. A. Einstein, 'Obituary of Amalie "Emmy" Noether', *New York Times* (5 May 1935).
4. Author Unknown, 'Why Is the Higgs Discovery so Significant?', *Science and Technology Facilities Council* (22 September 2017), 链接：https://stfc.ukri.org/research/particle-physics-and-particle-astrophysics/peter-higgs-a-truly-british-scientist/why-is-thehiggs-discovery-so-signifi cant (访问于 2018 年 12 月 15 日).
5. P. Rogers, 'The Heart of the Matter', *Independent* (1 September 2004).
6. L. Lederman, *The God Particle* (New York: Dell, 1993).

第 15 章　引力的麻烦

1. W. Stukeley, *Memoirs of Sir Isaac Newton's Life* (1752; republished London: The Royal Society, 2010).
2. A. D. Aczel, *God's Equation* (New York: Delta, 2000).